FORTE SHUZHI MONI CHAIYOUJI

Forte
数值模拟柴油机

冯是全　张盛龙　张红梅　著

镇　江

图书在版编目(CIP)数据

Forte数值模拟柴油机 / 冯是全，张盛龙，张红梅著
. — 镇江 ：江苏大学出版社，2021.12
ISBN 978-7-5684-1629-0

Ⅰ. ①F… Ⅱ. ①冯… ②张… ③张… Ⅲ. ①柴油机
—数值模拟 Ⅳ. ①TK42

中国版本图书馆CIP数据核字(2021)第141183号

Forte数值模拟柴油机
Forte Shuzhi Moni Chaiyouji

著　　者/冯是全　张盛龙　张红梅
责任编辑/徐　婷
出版发行/江苏大学出版社
地　　址/江苏省镇江市梦溪园巷30号(邮编：212003)
电　　话/0511-84446464(传真)
网　　址/http://press.ujs.edu.cn
排　　版/镇江市江东印刷有限责任公司
印　　刷/广东虎彩云印刷有限公司
开　　本/718 mm×1 000 mm　1/16
印　　张/8.25
字　　数/155千字
版　　次/2021年12月第1版
印　　次/2021年12月第1次印刷
书　　号/ISBN 978-7-5684-1629-0
定　　价/42.00元

前　言

近年来，随着汽车工业的发展，发动机仿真的应用越来越广泛。几年前，Ansys 公司收购 ReactionDesign 公司，将 Forte 软件和 Chemkin 软件整合到 Ansys 大家庭。这几年 Ansys 公司对 Forte 的开发力度越来越大，可应用的场景也越来越多，原有的一些漏洞逐渐得到修复；操作较为烦琐的地方逐步得到改善。

目前国内对该款软件的研究较少，为此本书选择了几个较为简单的例子进行初步介绍，演示了一些基本内容，希望能有利于发动机仿真领域学者的研究。Forte 软件已经和 Chemkin 软件做了较为理想的搭接，Chemkin 软件的一些机理文件可以直接在 Forte 中使用。Forte 软件也整合了 GT-Power 的接口，方便 GT-Power 导入数据。Forte 软件的建模非常简单，Ansys 公司已经将模型构建设置得特别容易，只需要理解一些基本概念，查找发动机相关参数就可以迅速建立发动机模型。对于燃烧的处理，可以利用 Chemkin 先研究机理，再采用较为合适规模的机理进行燃烧仿真，也可以采用 Forte 内建的机理进行仿真。Forte 的喷油部分建模也较为简单快速，直接定义喷油嘴位置、喷油量等一些基本参数就可以快速建模。更为重要的是，Forte 的模型求解速度越来越快，一些简单的柴油机模型可以在几十分钟内获得准确结果，这与以前的发动机模拟软件相比有巨大的优势。

本书选择了四个柴油机模型作演示示例，分别为柴油机燃用 BED 燃料、柴油机进气中掺烧天然气、柴油机掺烧汽油、喷嘴喷射参数的影响。

由于作者水平有限，书中难免存在疏漏，敬请读者批评指正。

著　者

2020 年 10 月

前言

目　录

第 1 章　柴油机燃用 BED 燃料的仿真

1.1　简介

内燃机作为动力装置已经服务人类社会数百载，在人类的衣食住行中起到至关重要的作用。当今世界，内燃机的广泛使用，给全球经济带来了发展机遇，为社会生活提供了便利，但同时也造成了石油资源短缺危机。人类社会的发展势必引发能源及环境问题。随着全球资源的逐渐枯竭，石油也在日渐减少，人类赖以生存的环境受到威胁，全球开始关注各种新型能源的研究开发。

面对石油资源有限和环境日渐恶化的事实，仅靠新技术只能达到节约资源的目的，仍然不能摆脱资源紧缺的困境。开发替代石油燃料并形成新兴的能源产业是解决石油资源量下降的主要方法。柴油机无论是动力性还是经济性都比汽油机更有优势，但柴油机发展的制约因素主要是颗粒物和 NO_x 排放较高。颗粒物会阻挡太阳光线传播导致能见度降低，颗粒直径较小的颗粒物会长期悬浮在空气中继而危害身体健康；NO_x 是酸雨、烟雾等现象的主要形成原因。因此，研发和使用清洁燃料不仅能解决资源紧缺的问题，还能降低柴油机的污染物排放。

截至目前，仍然没有任何替代石油混合燃料的应用技术被广泛推广，但是，富含生物质的混合燃料（如生物柴油和乙醇）因其良好的理化特性、广泛的生物质来源以及可再生性成为各国广泛关注的热点，继而成为发展最快且实际应用最普遍的替代石油燃料。本书结合目前替代石油燃料中生物柴油和乙醇各自的特点和优势，用软件较为系统地分析了柴油机燃用生物柴油-乙醇-多组分柴油混合燃料时，其动力性、经济性、燃烧特性及柴油机排放特性的变化规律。

Ansys Forte 是本研究使用的仿真软件。Forte CFD 工具包中包括仿真工具(Forte Simulate)、监测工具(ForteE Monitor)和图像显示工具(Forte Visualizer)。Forte 的嵌入式 Chemkin 求解器技术能在适当的时间及时得到正确的问题答案,能将更复杂、更准确的燃料处理模型进行整合并应用到自动网格仿真生成分析中,加快了性能仿真计算。该软件包含自动网格生成器,能对燃烧室形状、缸径等几何参数进行快速分析。自动网格仿真生成技术包括对求解调适网格的细化和基于几何的自适应网格的细化,这些技术节省去了通常分析所需要的花费在手动网格仿真准备上的数周时间。Forte 软件包含液滴破碎、液滴碰撞等多种仿真模型,能在短时间内快速完成对化学燃料的计算,可以对任意燃料的内燃机参数进行自动计算,实现对内燃机的快速智能化设计。Forte Visualizer 提供自动创建的云图、等值线、切片和 3D 动画,生成的报告和演示文稿易导入实验数据,自动地转换为计算单位,对内燃机参数进行自动化计算,对研究的数据及结果可以进行快速对比。

仿真要使用扇形网格模拟柴油机,首先设置参数,生成扇形网络,定义发动机参数,选择网格划分的位置,指定网格大小参数,最后生成网格并检查网格;然后使用扇形网格模拟柴油机,设置柴油燃烧的参数,如喷射模式、喷雾特性、边界条件、曲柄角度等;随后将纯柴油和 BED 多组分燃料的机理加入其中进行软件仿真,探究柴油机燃用 BED 多组分燃料的燃烧及排放特性。

1.2 生物柴油和乙醇燃料的国内外研究现状

与大多数替代燃料相比,生物柴油和乙醇都有相对优势,所以得到全球的广泛关注。石化柴油(后简称“柴油”)与生物柴油同乙醇一起按不同比例浓度进行掺混即可得到六种不同比例的 BED 多组分燃料,柴油机燃用该种 BED 多组分的混合燃料后,燃烧特性和废气平均排放量都可以得到改善。相比乙醇,生物柴油在十六烷值、热值、沸点、密度、黏度等方面都与柴油更加接近。生物柴油可以作为燃料直接用于柴油机,但是由于其燃油黏度较大及柴油热值低等原因,通常需要与纯乙醇生物柴油掺混在一起使用。乙醇既可以与汽油掺混,也可与柴油掺混成乙醇燃料应用在发动机上。表 1-1 为柴油和生物柴油的主要理化特性指标。

表 1-1　柴油和生物柴油的主要理化特性指标

参数	柴油	生物柴油
分子式	C_{10}-C_{22}	随燃料与酯类而异
密度(20 ℃)/(g/mL)	0.82~0.85	0.82~0.90
十六烷值	40~55	≥49
沸点/℃	170~390	182~338
自燃温度/℃	250	—
理论空燃比/(kg/kg)	14.3~15	13.8
低热值/(MJ/kg)	43	38.3~40.2
着火极限/体积%稀-浓	1.58~8.2	—
闪点(闭口)/℃	60	≥130
冷凝点/℃	-1~-4	—
汽化潜热/(kJ/kg)	301	—
硫含量/%	<0.2	≤0.05
氧含量(质量分数)/%	0	10%
动力黏度(20)/(MPa·s)	3.7	—
运动黏度/(mm^2/s)	2.5~8.5(20 ℃)	1.9~6(40 ℃)
含碳量/%	87	65~75

1.2.1　生物柴油的国内外研究现状

生物柴油也可称为生物质柴油，主要是由动植物的油脂与其中的醇经酯交换反应得到的，是一种可用于压燃式发动机的可再生生物资源。柴油则是人工开采地下的石油通过提炼获得的。生物柴油的使用可以明显降低含硫化合物的排放，降低环境污染程度。如果石油开采、运输、使用成本急剧升高，高于生物能源，或石油资源面临枯竭，那么生物能源或许可以广泛地替代石油能源。

近年来，中国许多科研人员也对生物柴油进行了多方面的研究。野生植物种子是生物柴油的重要生产原料，燃用生物柴油所产生的污染排放远低于柴油，有利于减少污染、改善生态环境。生物柴油是一种含氧燃料，十六烷值较高，能够燃烧充分，故因燃烧不完全引起的排放污染物有所减少。

刘少华等对 BED 多组分燃料的掺混比例进行了研究,发现在一定范围的掺混比例内互溶效果极佳,无需助溶剂。耿莉敏等对生物柴油混合燃料进行了混配试验,发现生物柴油和柴油可直接混配得到混合燃料。

Szybist 等研究了降低燃烧生物柴油时 NO_x 排放的两种方法:一是改变原料的成分,降低生物柴油的摩尔质量;二是加入添加剂提高十六烷值。Lee 等针对生物柴油的喷雾特性,用多普勒粒子分析仪和可视喷雾对其进行研究,研究结果表明油滴索特直径变大,生物柴油喷射速率变小,而喷雾的贯穿距离所受影响较小,就喷雾特性而言,生物柴油低于石化柴油。

生物柴油由于含氧较高,因此与普通柴油相比,碳烟(soot)的排放要低很多。由氮氧化合物的燃烧反应过程和机理可知,柴油机内的燃烧温度、氧浓度和燃料的反应时间这三个关键要素是导致生物柴油 NO_x 排放升高的原因,含氧生物柴油的加入有助于减少 NO_x 排放。

1.2.2 乙醇燃料的国内外研究现状

乙醇是以玉米、小麦等为原料,经发酵、蒸馏而制得的一种可再生资源。目前车用的乙醇汽油燃料,是将车用乙醇燃料与车用汽油按一定比例混和后配制而成的。汽油中掺混适量乙醇作为燃料,可以节省石油资源,减少汽车尾气污染物排放所造成的环境污染。

世界上许多国家都将乙醇与汽油进行调和混配出汽油燃料。近年来,世界环境问题日趋严重,乙醇燃料受到全球广泛关注。乙醇燃料在汽油机上的应用已相对成熟,在柴油机上的应用仍处于探索阶段,尚未普及。

江苏大学的王忠等通过测量柴油机燃用乙醇-柴油混合燃料的污染物排放,分析其燃烧过程及污染物排放变化规律,研究表明,柴油机燃用乙醇-柴油混合燃料的滞燃期随乙醇掺混比的增加而延长。杜宝国等将汽油作为助溶剂,把柴油和乙醇按一定比例混合,配制出混合燃料。广西大学的李会芬等将正丁醇作为助溶剂,并对配制的混合燃料进行了稳定性的研究。吕兴才等针对乙醇含量不同的乙醇-柴油混合燃料进行研究,观察各项理化指标的变化。

Cenk 等将燃用柴油-乙醇双燃料的发动机作为研究对象,研究喷油正时对发动机的性能及污染物排放的影响。Magín 等对柴油机将生物乙醇柴油作为燃料时的排放特性进行了研究。Belgiorno 等对单缸柴油机燃用柴油-汽油-乙醇混合燃料对其性能和排放特性的影响进行了研究。

近年来,世界原油的产量大幅降低。我国缺乏石油,主要是因为石油资源开采难度过大,开采技术跟不上,所以近几年我国也开始推广乙醇燃料。目前我国重要的基础和战略性生物能源新兴产业之一就是生物燃料乙醇,但产量暂时落后。从长远角度看,生物乙醇燃料的逐步发展必然会改变我国农村粮食的产量和供求状况,农村经济必将迎来快速发展。

1.2.3 BED 多组分燃料的国内外研究现状

乙醇的着火性能不佳,但燃烧速率较快,缩短了燃烧持续期,碳烟的排放相对减少;生物柴油的雾化效果较差,但其十六烷值较高,着火性能良好,使燃烧更加充分,同时可减少污染物的排放;乙醇与生物柴油都是含氧量较高的新型替代燃料,可以改善柴油机的性能、燃烧过程及环境,有效降低污染废气的排放。将乙醇和生物柴油按适量的比例与柴油混合配制出新型燃料应用于柴油发动机,可达到节能减排的目的。

王贤烽等针对生物柴油-乙醇-柴油 BED 混合燃料,研究出了最佳的掺烧比,建立了多项式模型。陈虎等研究了柴油机应用含氧的生物燃料,柴油中加入植物甲酯、乙醇的体积百分比为 30%。研究发现,发动机保持基本参数不变,每加入含乙醇体积百分比为 10%的柴油,发动机的转矩就会随之减小 6%~7%,所以随着混合燃料中乙醇的增加,碳烟排放有所降低。申立中等针对柴油机燃烧 BED 多组分燃料的性能和排放燃烧特性进行研究,结果发现,生物柴油-乙醇-柴油按特定比例混配可得到稳定性较强的混合燃料,条件不变的柴油机应用 BED 燃料之后,燃料中的氧含量越高,燃油消耗率越低,有助于降低 CO(一氧化碳)排放。

Lee 等对柴油机燃用 BED 多组分燃料后的燃烧和排放特性进行研究。结果表明,与燃用纯柴油相比,柴油机燃用 BED 多组分燃料之后,燃油的有效消耗率有所增加,No_x(氮氧化合物)和 PM(颗粒状物质)的排放相比也有所降低。

Kwanchareon 等研究发现,BED 多组分燃料的属性接近柴油,十六烷值较高的生物柴油可补偿掺醇燃料造成的低十六烷值。在混合燃料中,乙醇含量低于 10%的燃料,其热值与柴油相差无几。当发动机处于高负荷工况时,CO 和 HC(碳氢化合物)排放显著减少,NO_x则与之相反。

Hulwan 等对发动机处于高负荷工况下燃用 BED 多组分燃料进行了研究,结果表明,发动机处于高负荷时,BED 多组分燃料的有效消耗率显著增加,烟度降低;处于低负荷工况时,CO 的排放有所增加,NO_x的排放随着运行条件的改变而变化。

Kannan 等对直喷式的柴油机燃用 BED 多组分燃料后的排放性能和柴油机性能进行了分析，研究表明，与柴油的最大放热率相比，BED 多组分燃料的放热率低了 7.5%，当柴油机处于 100%的负荷工况下时，燃用 BED 多组分燃料的缸内压力接近燃用柴油的。当发动机处于不同的负荷条件时，与燃用柴油相比，燃用不同比例 BED 多组分燃料及生物柴油所排放的 NO_x 和 soot 都明显下降。

现在我国的主要生物柴油消费还局限于作为石化柴油的配角，添加比例基本在 5%～10%。醇基现在属于危化范畴受到很多限制，新能源行业里有许多研究生物柴油的可行性技术已经取得突破。国内外对于 BED 混合燃料的研究大部分集中于柴油机燃用多组分燃料的性能和排放特性的评估以及燃料的理化特性、稳定性和溶解性等方面。

1.2.4 主要研究内容

本仿真研究以一台高压共轨、增压中冷柴油机为仿真模型，保持发动机主要参数不变，将乙醇、生物柴油及柴油三种基础燃料掺混制成六种不同比例的 BED 燃料，通过 Forte 进行燃烧处理过程的仿真，与燃用柴油的仿真情况进行比对，分析六种不同比例的 BED 燃料应用在柴油机时，其燃烧特性和各类污染物排放特性的差异。仿真结果得出，燃用不同混配比例的 BED 多组分燃料，柴油机的 NO_x、CO 和 CO_2 排放得到有效改善，同时柴油机的碳烟排放也会随着燃料的含氧量增加而降低。

1.3 BED 燃料的理化特性

柴油发动机的燃烧和排放性能受燃用燃料理化特性的直接影响。由于乙醇和生物柴油的密度、黏度、氧含量及低热值等多种理化特性与石化柴油都有较大的区别，所以对柴油机的雾化和蒸发、燃油喷射、燃烧和着火等过程都有所影响，同时一定程度上也对经济性、动力性和排放特性等造成影响。

以乙醇、生物柴油和柴油为基础燃料，根据良好的互溶性和最佳混配比例，混配得到六种 BXEX 的混合燃料，主要是 B10E3、B10E5、B15E3、B15E5、B25E3、B25E5。

表 1-2 为柴油、生物柴油及乙醇的各项主要理化特性指标。

表 1-2　柴油、生物柴油及乙醇的各项理化特性指标

参数	柴油	生物柴油	乙醇
密度(20 ℃)/(g/mL)	0.8379	0.88	0.7893
运动黏度(40 ℃)/(mm^2/s)	2.7	4.1	1.5
氧含量(质量分数)/%	0	10	34.80
低热值/(MJ/kg)	42.845	39.5	26.778
十六烷值	53.1	56	8
闪点/℃	60	151	12
冷凝点/℃	-2	—	-114
汽化潜热/(kJ/kg)	301	—	854
硫含量/%	<0.2	0.002	0

1.3.1　BED 燃料的密度

燃料的密度是一个重要参数,密度越大,碳烟微粒的排放就越多。由表 1-2 可知,柴油密度低于生物柴油,高于乙醇。六种 BED 燃料的密度如图 1-1 所示。

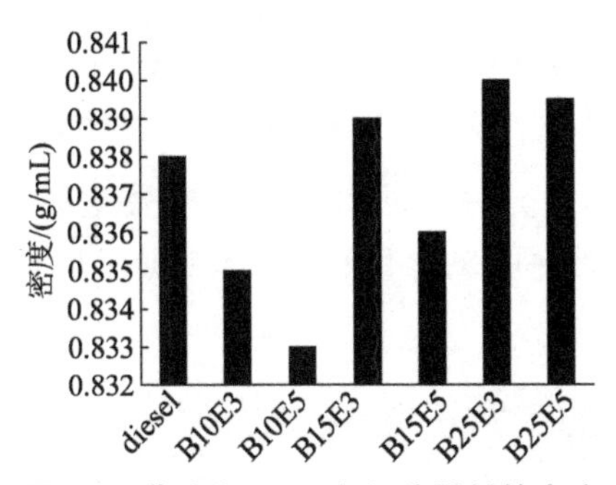

图 1-1　柴油和 BED 多组分燃料的密度

由图可知,柴油机 BED 燃料中乙醇所占的比例增大,燃料的密度就会减小;生物柴油比例增大,燃料的密度就会增大,所以 B15E3、B25E3 和 B25E5 三种比例的混合燃料的密度均比柴油的密度大。由此表明,BED 多组分燃料的密度受混合燃料中乙醇和生物柴油所占比例的影响较大。

1.3.2　BED 燃料的含氧量

在三种基础柴油机燃用的燃料中,生物柴油和乙醇是含氧量较高的两种

燃料。由表 1-2 可以得出,生物柴油、乙醇燃料的氧含量分别是 10%和 34.80%。混配燃料所含氧浓度越高,完全燃烧所消耗的相对空气质量就越小,可有效减少碳烟及颗粒物的排放。生物柴油和乙醇都被认为是自身具有含氧特性的基础化学燃料,应用于柴油发动机中可以大幅度地提高热效率,改善动力性、经济性、排放特性及燃烧过程。燃料的氧含量计算公式为

$$O_{\mathrm{BED}}=\frac{\rho_{\mathrm{b}}\times V_{\mathrm{b}}\times O_{\mathrm{b}}\times \rho_{\mathrm{e}}\times V_{\mathrm{e}}\times O_{\mathrm{e}}}{\rho_{\mathrm{b}}\times V_{\mathrm{b}}\times \rho_{\mathrm{e}}\times V_{\mathrm{e}}\times \rho_{\mathrm{d}}\times V_{\mathrm{d}}}$$

式中,O_{BED}表示 BED 多组分燃料的氧含量;O 表示质量氧含量;ρ 表示密度;V 表示体积百分比;下标 b 表示生物柴油;下标 e 表示乙醇;下标 d 表示柴油。

根据公式,计算六种不同比例的 BED 多组分燃料的氧含量如图 1-2 所示。

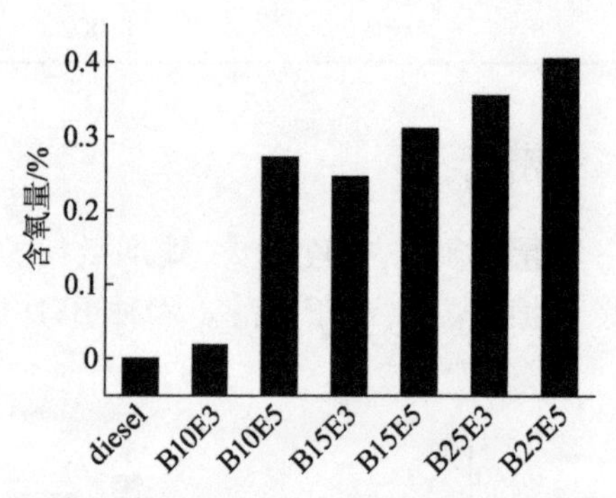

图 1-2　柴油和 BED 多组分燃料的氧含量

由图可知,BED 多组分燃料的氧含量主要受生物柴油和乙醇比例的影响,掺混比越高,混合燃料的氧含量越高,越有助于燃料充分燃烧,使发动机性能得到更大程度的改善。

1.3.3　BED 燃料的十六烷值

燃油的着火性能衡量指标就是十六烷值。发动机燃用高十六烷值的燃料,其冷起动性能会得到改善,且燃烧噪声会降低。十六烷值的计算公式为

$$CN_{\mathrm{BED}}=CN_{\mathrm{b}}V_{\mathrm{b}}+CN_{\mathrm{e}}V_{\mathrm{e}}+CN_{\mathrm{d}}V_{\mathrm{d}}$$

式中,CN 表示燃料的十六烷值;V 表示燃料的体积百分比;下标 b 表示生物柴油;下标 e 表示乙醇;下标 d 表示柴油。计算得到六种不同比例的 BED 多组分燃料的十六烷值如图 1-3 所示。

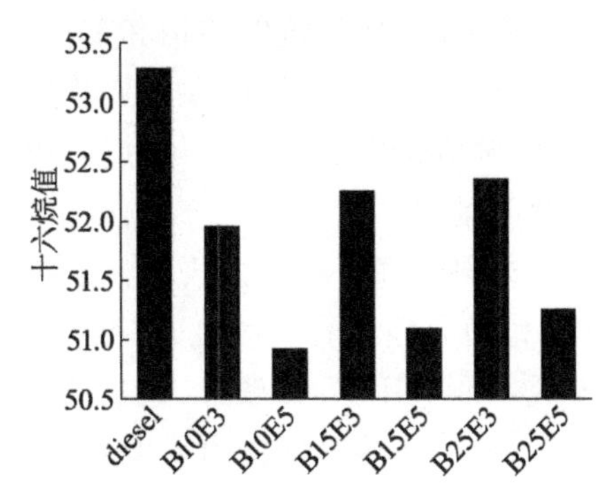

图 1-3　柴油和 BED 多组分燃料的十六烷值

由图可知，生物柴油的掺比越高，BED 多组分燃料的十六烷值越高；乙醇的掺比越高，BED 多组分燃料的十六烷值反而减小。

1.3.4　BED 燃料的黏度

黏度是一种度量流体黏性大小的物理量，是流体的一种属性，不同流体的黏度值不同。黏度主要对燃油的雾化效果及发动机的喷射系统润滑特性产生影响，黏度越高则流动性越差，主要影响喷雾效果和混合气的形成；黏度越小则润滑效果越差，会导致发动机运动部件剧烈磨损。

黏度主要与温度有关，温度越高，流动性越强，则黏度越低。柴油的黏度比生物柴油的低，比乙醇的高，所以在配制 BED 多组分燃料时，生物柴油所占比例越高，则混合燃料的黏度就越高；相反，混配较高比例的乙醇时，配制的混合燃料的黏度反而变小。也就是说，BED 燃料的黏度受到生物柴油和乙醇的掺混比的影响。

1.3.5　小结

生物柴油和乙醇的掺混比显著影响 BED 混合燃料的各项理化特性。混合燃料中生物柴油占比越大，其密度、氧含量及十六烷值也就越大；混合燃料中乙醇占比越大，密度、十六烷值反而减小。BED 多组分燃料的黏度取决于生物柴油和乙醇的掺混比。

1.4　柴油机燃用 BED 多组分燃料的燃烧过程模拟与分析

柴油机燃烧处理过程的分析和模拟计算逐渐形成了日趋成熟的燃烧处理体系。柴油机的工作过程主要涉及随时间和空间发生的雾化蒸发、湍流运动、着火和燃烧等多方面的变化。柴油机的结构和工作原理过程数值模拟可以完整地演示柴油机气流的湍流运动及缸内温度变化的过程，包括气缸混合物的空间分布和浓度变化、喷雾蒸发混合的变化过程，以及气缸的燃烧产物、缸内温度压力的分布变化等情况。

针对柴油机的性能进行研究和分析后发现，燃用 BED 多组分燃料后，柴油机的排放特性、经济性和动力性都有所改变，主要是因为柴油的燃烧特性与混合燃料不同。本研究主要应用 Forte 软件，通过仿真柴油机燃用 BED 多组分燃料的燃烧变化过程，针对柴油机气缸内温度和压力的分布及污染物排放进行研究，分析柴油发动机在燃用 BED 燃料时的变化过程和规律特点。

1.4.1 燃烧过程数值模拟

本书主要研究一台高压共轨、增压中冷柴油机的燃烧过程，保持发动机主要参数不变，将生物柴油、乙醇及柴油掺混制成六种不同比例的 BED 多组分燃料，通过 Forte 进行燃烧过程的仿真。发动机的相关参数如表 1-3 所示。

表 1-3 发动机基础参数

参数	数值
冲程/cm	13.97
缸径/cm	15.24
排量/L	2.33
压缩比	11.20
连杆长度/cm	30.48
喷油器孔数	8 孔
标定转速/(r/min)	1200

对于柴油发动机而言，发动机的燃烧通常模拟从进气门关闭（IVC）到排气门打开（EVO）的过程，而不是模拟涉及进气口和排气口的整个进气或者排气过程。仿真模型中化学反应计算在柴油喷射以后、缸内温度达到 600 K 时激活，活塞初始温度设置为 500 K，缸盖和缸壁初始温度设置为 470 K 和 420 K。

喷油嘴孔型通常会根据喷油嘴孔型的数量产生周期性的对称性。扇形可以代表整个几何形状，因此可以利用圆柱和喷油器喷孔图案的周期性及对称性，创建的网格更小，模拟运行速度比使用 360°网格要快得多。在扇形网格生成器中,首先需要指定活塞顶部形状-bowl 配置文件,输入发动机参数后选择所需的网格拓扑,输入网格大小参数后进行网格划分,生成网格并检查。开始仿真时,将活塞顶部形状的样式(图 1-4)导入 Forte 软件中。

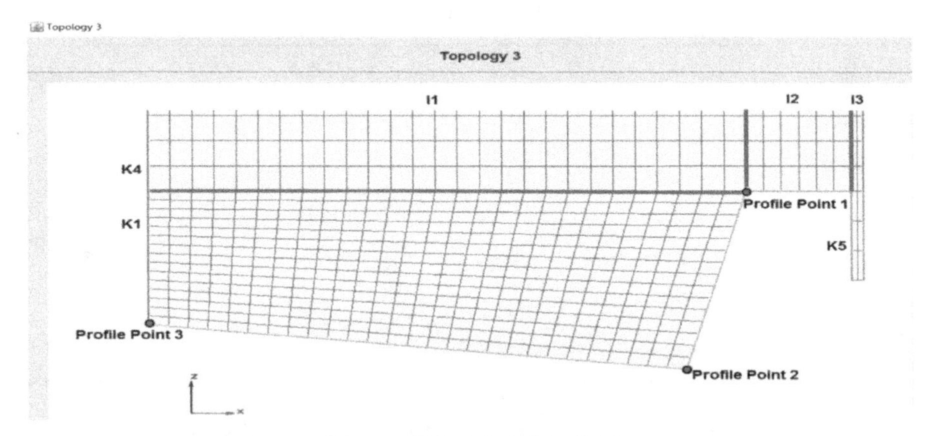

图 1-4　活塞顶部形状网格图

Forte 软件包含多个仿真燃油喷射动力学的模型,这些模型一般包括以下喷射发展过程:喷嘴喷射、燃油雾化、液滴破碎、液滴碰撞和聚结、液滴蒸发、液滴碰壁等。通过 Kelvin-Helmholtz / Rayleigh-Taylor (KH /RT)模型来仿真喷油雾化和液滴破碎;通过设定破碎长度来定义 KH 破碎模型,它能使液滴从射流上剥落;紧接着,利用 RT 模型来计算剥落液滴的继续破碎过程。

图 1-5 是发动机的仿真模型,包含的网格数量为 17619 个,根据仿真计算中条件的不同,仿真网格数量会发生一定的变化,由于喷嘴有 8 个喷孔,因此该计算网格只是一个 45°的扇面。

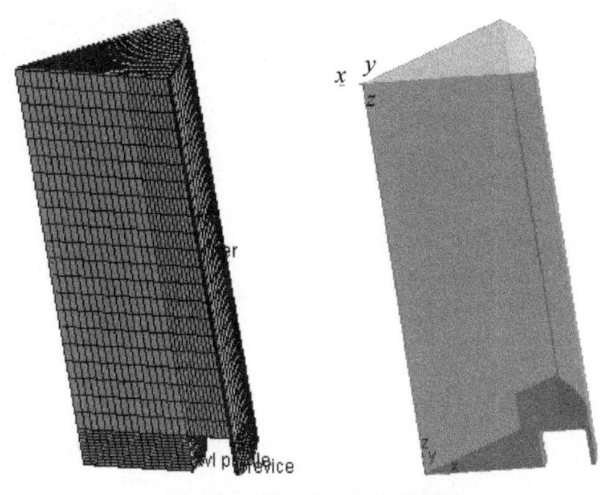

图 1-5　发动机仿真模型

完成模型搭建,在控制面板中设置模型参数和化学求解器选项。首先添加化学机理,创建喷油器并添加燃料混合物。表 1-4 定义了燃料喷雾的质量分数组成。

表 1-4　燃料混合物质量分数组成　　%

组分	md	md9d	c2h5oh	nc7h16
B10E3	0.025	0.025	0.03	0.92
B10E5	0.025	0.025	0.05	0.9
B15E3	0.0375	0.0375	0.03	0.895
B15E5	0.0375	0.0375	0.05	0.875
B25E3	0.0625	0.0625	0.03	0.845
B25E5	0.0625	0.0625	0.05	0.825

选择喷射模式后设置喷油器的喷油嘴模型参数,创建喷油嘴,设定喷油嘴的相关参数,选择柱形模型并设置喷嘴的位置与尺寸,设置喷嘴的直径为 0. 000302 cm(图 1-6)。

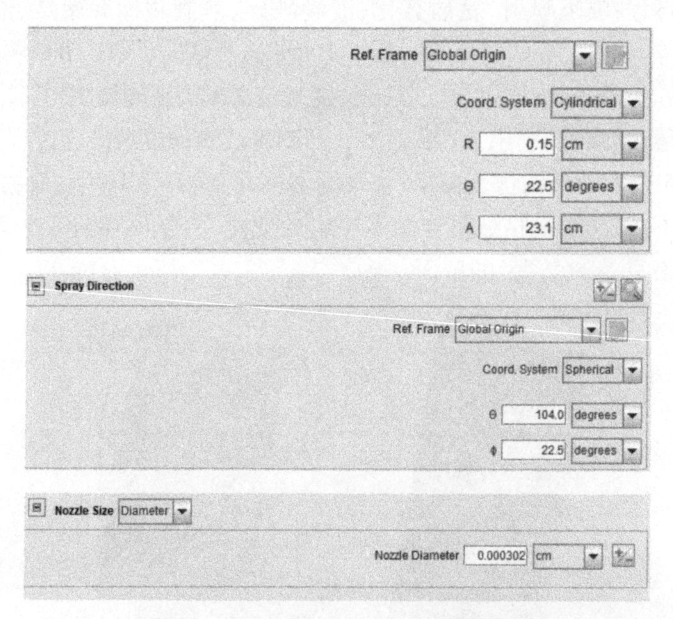

图 1-6　喷油嘴位置及尺寸参数设置

在与导入网格所创建的四个边界条件相关联的编辑器面板中设置边界条件、初始化参数、仿真控制中的曲柄角度和仿真时间步长、化学调节器、空间解析的输出控制是基于曲柄角度区间输出数据。

仿真条件:喷油提前角为上止点前-22.5°CA,总喷油时间控制在 0.004 s 内,发动机转速为 1200 r/min。柴油机喷嘴有 8 个喷孔,且在圆周上均匀分布,因此在研究中可以只研究气缸的 1/8 来减少运算量。通过 Forte Simulate 2019 R2 模拟软件设置必要的参数,建立模型,完成研究。表 1-5 为仿真获得的发动机相关参数。表 1-6 为六种燃料的热量释放区间。表 1-7 为六种燃料的各过程放热量。表 1-8 为六种燃料同排放物成生量。

表 1-5　仿真获得的发动机气缸相关参数

参数	B10E3	B10E5	B15E3	B15E5	B25E3	B2E5
路径/cm	13.97	13.97	13.97	13.97	13.97	13.97
容积/cm^3	2335.97	2335.97	2335.97	2335.97	2335.97	2335.97
上止点时容积/cm^3	229.11	229.11	229.11	229.11	229.11	229.11
压缩比	11.20	11.20	11.20	11.20	11.20	11.20
功率/kW	8.84	8.76	8.79	8.79	8.48	8.36
IMEP/MPa	0.38	0.37	0.38	0.38	0.36	0.36
热效率	0.38	0.37	0.37	0.37	0.36	0.36
最大缸压/MPa	8.07	8.004	8.15	8.15	8.08	7.98
最高温度/K	1190.61	1183.14	1197.56	1197.56	1187.31	1175.88
最大压力升高/(MPa/deg)	0.46	0.45	0.50	0.50	0.46	0.45
总化学放热/J	2090.56	2053.44	2085.05	2085.05	2028.60	1987.39
总缸壁散热/J	493.23	488.90	507.22	507.22	501.73	488.18

表 1-6　六种燃料的热量释放区间

组分	CA2/ deg ATDC	CA10/ deg ATDC	CA30/ deg ATDC	CA50/ deg ATDC	CA90/ deg ATDC	CA10%~90%/deg
B10E3	707.014	710.002	714.034	716.014	4.006	14.004
B10E5	708.022	711.01	716.014	717.022	5.014	14.004
B15E3	707.014	710.002	714.034	716.014	3.034	13.032
B15E5	708.022	711.01	715.006	717.022	5.014	14.004
B25E3	707.014	709.03	714.034	715.006	3.034	14.004
B25E5	708.022	710.002	715.006	716.014	4.006	14.004

表 1-7 六种燃料的各过程放热量

组分	总化学放热/J	经由 PV 和可复 γ 计算的放热/J	经由 PV 和定值 γ 计算的放热/J
B10E3	1597.32342	1174.50685	1124.07694
B10E5	1564.54667	1152.60894	1106.30687
B15E3	1577.82602	1160.6146	1110.40896
B15E5	1538.01821	1124.7151	1078.31586
B25E3	1526.86981	1106.46768	1057.496
B25E5	1499.21675	1082.91176	1036.30332

表 1-8 六种燃料的排放物生成量

	B10E3	B10E5	B15E3	B15E5	B25E3	B25E5
Soot/(g/kg-f)	1.23E-03	1.28E-03	1.25E-03	1.28E-03	1.24E-03	1.25E-03
NO_x/(g/kg-f)	3.99E-01	2.59E-01	3.52E-01	2.57E-01	3.36E-01	2.68E-01
CO/(g/kg-f)	3.08E+02	3.11E+02	2.75E+02	3.07E+02	2.77E+02	2.97E+02

1.4.2 燃烧特性分析

(1) 缸内温度和压力分析

图 1-7 和图 1-8 是热量释放的相关图形。图 1-9 是燃用 BED 多组分燃料时气缸压力与曲轴转角的变化关系。图 1-10 是燃用 BED 多组分燃料时气缸温度与曲轴转角的变化关系。从图 1-9 和图 1-10 中,可以直观的观察到不同占比的 BED 多组分燃料与柴油对比的缸内温度和缸内压力的差异。-22°CA 开始喷油,喷油以后的 10~20°CA 时间可以视为预混合燃烧。由图 1-10 可

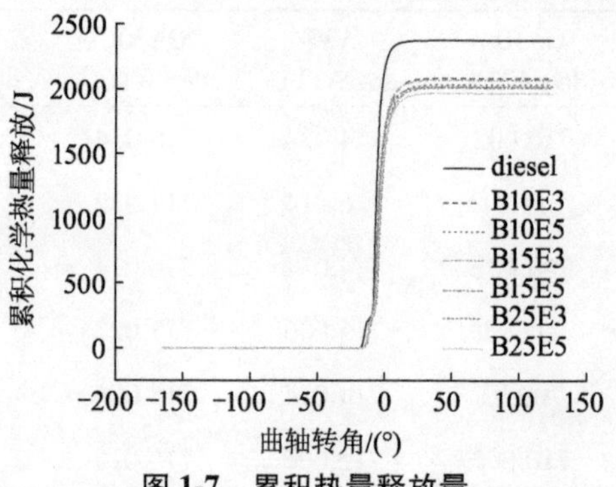

图 1-7 累积热量释放量

知,喷油持续期较短,缸内燃烧温度较低,燃烧过程主要为预混合燃烧,生物柴油和乙醇的掺混比例对燃烧过程有一定影响。从图 1-7 至图 1-10 可以看出,柴油机在燃用 B10E3、B10E5、B15E3、B15E5、B25E3、B25E5 六种不同比例的混合燃料时,柴油机缸内的压力普遍随着掺混燃料的加入而降低,温度也随着掺混燃料的加入有所降低。柴油的化学放热量最多,放热速率峰值也最大。

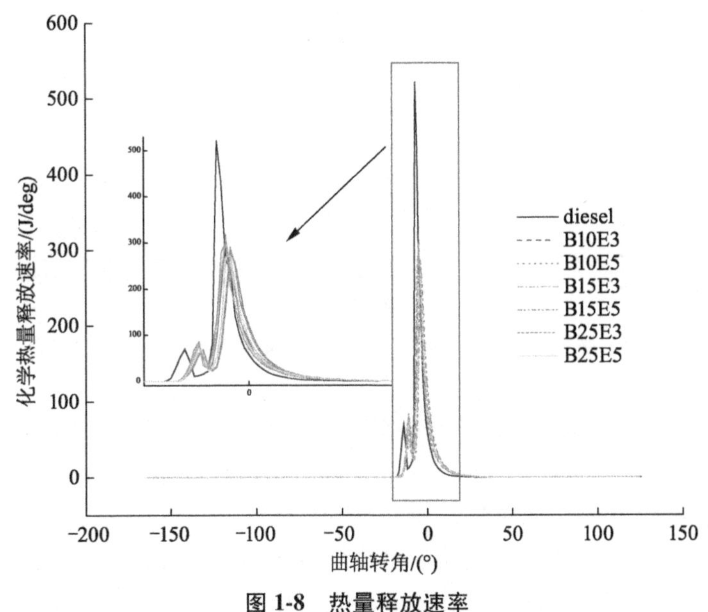

图 1-8　热量释放速率

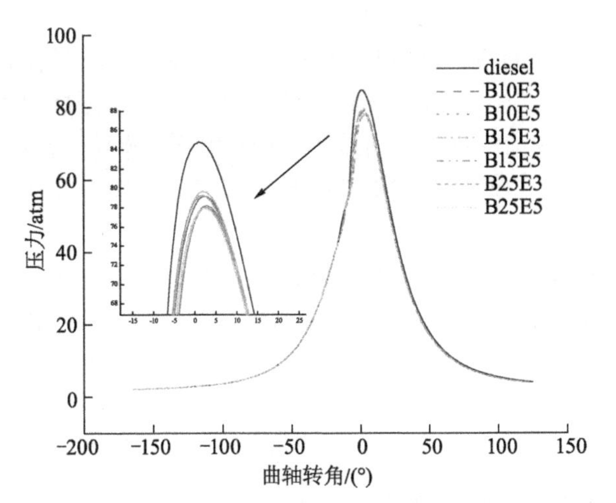

图 1-9　燃用 BED 多组分燃料时气缸压力与曲轴转角的变化关系

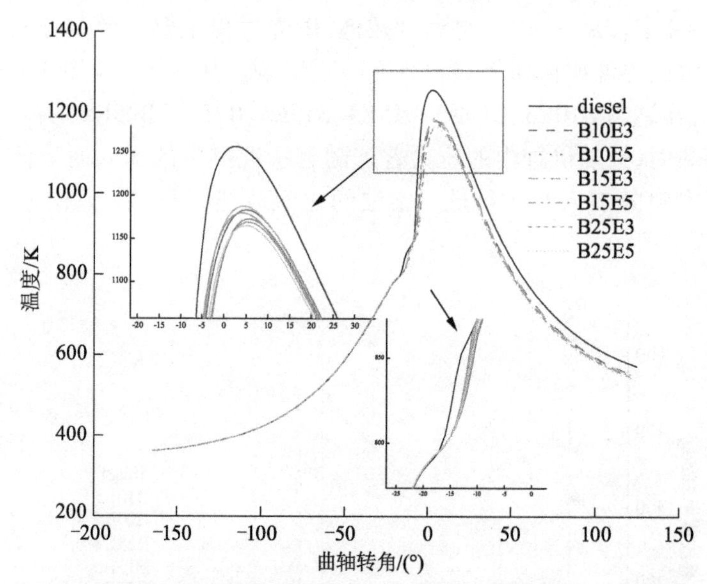

图 1-10　燃用 BED 多组分燃料时气缸温度与曲轴转角的变化关系

从图 1-10 可以发现，B10E5、B15E5 和 B25E5 三组混合燃料的燃烧温度均低于 B10E3、B15E3 和 B25E3，由于乙醇的低热值特性，所以随着乙醇掺混比的增加，燃料的放热量降低。

由图 1-9 和图 1-10 可知，柴油机应用 BED 多组分燃料后，气缸温度和压力都有所降低。燃烧初期，燃用柴油的缸内压力和温度与燃用 BED 多组分燃料的差距不大，随着燃烧的进行两者的差距逐渐变大。柴油的热值高、雾化质量更佳，使得缸内的最大爆发压力更高。BED 多组分燃料的氧含量较高，加速了燃烧过程，所以缸内温度升高比较快。随着多组分燃料中的乙醇掺混比例的增加，缸内压力的峰值逐渐减小，这是由于乙醇高汽化潜热，低十六烷值的特性，使得掺入乙醇后的燃料滞燃期有所延长，所以 BED 多组分燃料的燃烧压力峰值相对后移。

表 1-9 为燃用 BED 多组分燃料时缸内温度的空间分布情况。从表中可以看出，不同比例的 BED 燃料在相同的曲轴转角的温度分布均有差异。

表 1-9　燃用 BED 多组分燃料时缸内温度的空间分布情况

曲轴转角/(°)	柴油	B10E3	B10E5
−7.98	Contour: Temperature Units: K 1.080E3 9.789E2 8.777E2 7.766E2	Contour: Temperature Units: K 1.135E3 1.003E3 8.700E2 7.375E2	Contour: Temperature Units: K 1.022E3 9.402E2 8.580E2 7.757E2
−2.98	Contour: Temperature Units: K 2.148E3 1.710E3 1.271E3 8.332E2	Contour: Temperature Units: K 2.154E3 1.711E3 1.268E3 8.256E2	Contour: Temperature Units: K 2.103E3 1.674E3 1.245E3 8.162E2
0.01	Contour: Temperature Units: K 2.171E3 1.726E3 1.281E3 8.365E2	Contour: Temperature Units: K 2.155E3 1.713E3 1.271E3 8.289E2	Contour: Temperature Units: K 2.116E3 1.686E3 1.256E3 8.264E2
7.03	Contour: Temperature Units: K 2.125E3 1.687E3 1.250E3 8.117E2	Contour: Temperature Units: K 2.080E3 1.655E3 1.230E3 8.047E2	Contour: Temperature Units: K 2.045E3 1.631E3 1.218E3 8.041E2
15.02	Contour: Temperature Units: K 1.989E3 1.577E3 1.165E3 7.530E2	Contour: Temperature Units: K 1.911E3 1.523E3 1.135E3 7.471E2	Contour: Temperature Units: K 1.874E3 1.498E3 1.123E3 7.469E2

曲轴转角/(°)	B15E3	B15E5	B25E3	B25E5
−7.98	Contour: Temperature Units: K 1.219E3 1.073E3 9.263E2 7.797E2	Contour: Temperature Units: K 1.038E3 9.506E2 8.635E2 7.763E2	Contour: Temperature Units: K 1.303E3 1.129E3 9.544E2 7.803E2	Temperature: Temperature Units: K 1.073E3 9.749E2 8.764E2 7.778E2
−2.98	Contour: Temperature Units: K 2.148E3 1.708E3 1.268E3 8.278E2	Contour: Temperature Units: K 2.111E3 1.680E3 1.249E3 8.178E2	Contour: Temperature Units: K 2.148E3 1.708E3 1.268E3 8.284E2	Temperature: Temperature Units: K 2.126E3 1.691E3 1.256E3 8.212E2

续表

曲轴转角/(°)	B15E3	B15E5	B25E3	B25E5
0.01	Contour : Temperature Units: K 2.138E3 1.703E3 1.267E3 8.322E2	Contour : Temperature Units: K 2.116E3 1.686E3 1.256E3 8.267E2	Contour : Temperature Units: K 2.140E3 1.704E3 1.267E3 8.297E2	Temperature : Temperature Units: K 2.127E3 1.693E3 1.260E3 8.266E2
7.03	Contour : Temperature Units: K 2.055E3 1.638E3 1.222E3 8.051E2	Contour : Temperature Units: K 2.033E3 1.623E3 1.213E3 8.034E2	Contour : Temperature Units: K 2.053E3 1.636E3 1.220E3 8.031E2	Temperature : Temperature Units: K 2.026E3 1.618E3 1.210E3 8.021E2
15.02	Contour : Temperature Units: K 1.882E3 1.504E3 1.125E3 7.470E2	Contour : Temperature Units: K 1.866E3 1.493E3 1.120E3 7.461E2	Contour : Temperature Units: K 1.878E3 1.500E3 1.123E3 7.451E2	Temperature : Temperature Units: K 1.861E3 1.489E3 1.117E3 7.446E2

燃用 BED 多组分燃料与柴油存在差异的主要原因有:第一,柴油的热值高于乙醇和生物柴油,同等质量的 BED 多组分燃料燃烧的发热量均低于柴油,这就是燃用 BED 多组分燃料气缸内温度和压力下降的原因。第二,在柴油的燃烧过程中,燃烧主要是从预混阶段到扩散阶段。乙醇和生物柴油都是自身具有含氧特性的燃料,在扩散阶段,BED 燃料燃烧速率因空气与燃料的混合速率的不同而有所区别。与柴油相比,BED 多组分燃料中的几种燃料都具有自含氧的特性,燃烧过程需要的氧气减少,所以空气和燃料的混合速率与燃烧速率成正比,因此气缸内的压力比燃用柴油时减小。燃料自含氧的特性还能加速预混合,放热率的峰值也随着氧含量的增加而发生变化。第三,生物柴油的自燃温度低,十六烷值较高,有效缩短了滞燃期。BED 燃料是按一定比例同时掺入乙醇和生物柴油的,其十六烷值的差异性形成了互补,掺入大小比例不同的生物柴油和乙醇,可得到与柴油相当的十六烷值,称为燃料的自燃能力,因此燃用 BED 多组分燃料的燃始点与柴油相差无几。并且乙醇具有低黏度、低密度和低沸点的特性,对燃料雾化及混合十分有利。

分析表明,柴油机燃用 BED 多组分燃料可较大程度地加快燃烧变化过程,集中燃料的放热过程,改善柴油发动机的经济性。但是生物柴油及乙醇的低热值也导致柴油机气缸内的温度、压力和放热率有所降低,无法及时控制燃烧过程的加速,使得柴油机的放热率和动力控制性能降低,通过增加 BED 多组分燃料的燃油量可保证柴油机的动力性能。使用 BED 多组分燃料并不能完全改善柴油机的性能,因此只能以其中一项性能指标为主,其他剩余的各项指标为辅，权衡考虑。

(2) 缸内放热率分析

图 1-8 为仿真获得的柴油机燃用 BED 多组分燃料的放热率与曲轴转角的关系变化。在燃料的放热率方面，BED 多组分燃料的始燃点相差无几，与柴油的燃烧起始点有些微差距，燃烧持续期的差距不大，放热率的峰值随着生物柴油的加入而减小。从曲轴转角的位置看，就燃烧速度而言，BED 多组分燃料的起始燃烧时刻慢于柴油，但结束时间基本一致，说明含氧燃料的加入有助于提升燃烧速度。

受热值影响，随着燃料中乙醇掺混比例的增大，六种 BED 燃料的热值有所降低，所以燃用混合燃料的放热量逐渐降低，对应的放热率峰值逐渐减小且后移。

预喷阶段气缸的温度和压力相对较低，十六烷值的差异性也密切影响燃烧过程，乙醇占比越高，十六烷值就越低，因此预喷阶段的燃料放热率峰值会后移。

表 1-10 为燃用 BED 燃料时缸内的氧气空间分布情况。从表中可以观察到，气缸内的氧气在不同曲轴转角和不同比例混合燃料中的分布都有差异。柴油为零含氧的燃料，生物柴油的氧含量为 10%，乙醇的氧含量高达 34.8%，课题研究的 BED 燃料是按一定比例的生物柴油和乙醇混配制成的，生物柴油和乙醇均为含氧燃料，所以混合燃料的氧含量较高。

表 1-10　燃用 BED 多组分燃料时缸内的氧气空间分布情况

曲轴转角/(°)	柴油	B10E3	B10E5
−7.98	o2 Mass Fractions 2: o2 Mass Fractions Units: 1.261E-1 1.103E-1 9.449E-2 7.871E-2	o2 Mass Fractions 2: o2 Mass Fractions Units: 1.260E-1 1.081E-1 9.018E-2 7.226E-2	o2 Mass Fractions 2: o2 Mass Fractions Units: 1.260E-1 1.114E-1 9.678E-2 8.217E-2
−2.98	o2 Mass Fractions 2: o2 Mass Fractions Units: 1.260E-1 8.400E-2 4.200E-2 4.431E-7	o2 Mass Fractions 2: o2 Mass Fractions Units: 1.260E-1 8.400E-2 4.200E-2 1.062E-6	o2 Mass Fractions 2: o2 Mass Fractions Units: 1.260E-1 8.400E-2 4.200E-2 1.493E-6
0.01	o2 Mass Fractions 2: o2 Mass Fractions Units: 1.260E-1 8.400E-2 4.200E-2 1.431E-7	o2 Mass Fractions 2: o2 Mass Fractions Units: 1.260E-1 8.400E-2 4.200E-2 1.209E-6	o2 Mass Fractions 2: o2 Mass Fractions Units: 1.260E-1 8.401E-2 4.200E-2 2.966E-6

续表

曲轴转角/(°)	柴油	B10E3	B10E5
7.03	o2 Mass Fractions 2: o2 Mass Fractions Units: 1.260E-1 8.400E-2 4.200E-2 2.395E-7	o2 Mass Fractions 2: o2 Mass Fractions Units: 1.260E-1 8.400E-2 4.200E-2 4.660E-6	o2 Mass Fractions 2: o2 Mass Fractions Units: 1.260E-1 8.403E-2 4.206E-2 8.359E-5
15.02	o2 Mass Fractions 2: o2 Mass Fractions Units: 1.260E-1 8.400E-2 4.200E-2 6.112E-7	o2 Mass Fractions 2: o2 Mass Fractions Units: 1.260E-1 8.402E-2 4.204E-2 5.727E-5	o2 Mass Fractions 2: o2 Mass Fractions Units: 1.260E-1 8.488E-2 4.376E-2 2.638E-3

曲轴转角/(°)	B15E3	B15E5	B25E3	B25E5
−7.98	o2 Mass Fractions 2: o2 Mass Fractions Units: 1.260E-1 1.054E-1 8.485E-2 6.428E-2	o2 Mass Fractions 2: o2 Mass Fractions Units: 1.260E-1 1.113E-1 9.656E-2 8.184E-2	o2 Mass Fractions 2: o2 Mass Fractions Units: 1.260E-1 1.026E-1 7.921E-2 5.581E-2	o2 Mass Fractions 2: o2 Mass Fractions Units: 1.260E-1 1.103E-1 9.457E-2 7.886E-2
−2.98	o2 Mass Fractions 2: o2 Mass Fractions Units: 1.260E-1 8.400E-2 4.200E-2 8.848E-7	o2 Mass Fractions 2: o2 Mass Fractions Units: 1.260E-1 8.400E-2 4.200E-2 1.804E-6	o2 Mass Fractions 2: o2 Mass Fractions Units: 1.260E-1 8.400E-2 4.200E-2 1.198E-6	o2 Mass Fractions 2: o2 Mass Fractions Units: 1.260E-1 8.400E-2 4.200E-2 1.665E-6
0.01	o2 Mass Fractions 2: o2 Mass Fractions Units: 1.260E-1 8.400E-2 4.200E-2 1.020E-6	o2 Mass Fractions 2: o2 Mass Fractions Units: 1.260E-1 8.401E-2 4.200E-2 3.398E-6	o2 Mass Fractions 2: o2 Mass Fractions Units: 1.260E-1 8.400E-2 4.200E-2 2.320E-6	o2 Mass Fractions 2: o2 Mass Fractions Units: 1.260E-1 8.400E-2 4.200E-2 4.212E-6
7.03	o2 Mass Fractions 2: o2 Mass Fractions Units: 1.260E-1 8.400E-2 4.201E-2 1.098E-5	o2 Mass Fractions 2: o2 Mass Fractions Units: 1.260E-1 8.403E-2 4.206E-2 9.642E-5	o2 Mass Fractions 2: o2 Mass Fractions Units: 1.260E-1 8.400E-2 4.201E-2 1.459E-5	o2 Mass Fractions 2: o2 Mass Fractions Units: 1.260E-1 8.401E-2 4.202E-2 3.609E-5
15.02	o2 Mass Fractions 2: o2 Mass Fractions Units: 1.260E-1 8.460E-2 4.320E-2 1.797E-3	o2 Mass Fractions 2: o2 Mass Fractions Units: 1.260E-1 8.517E-2 4.433E-2 3.496E-3	o2 Mass Fractions 2: o2 Mass Fractions Units: 1.260E-1 8.435E-2 4.270E-2 1.052E-3	o2 Mass Fractions 2: o2 Mass Fractions Units: 1.260E-1 8.503E-2 4.405E-2 3.075E-3

1.4.3 排放特性分析

(1) CO 和 CO_2排放特性分析

图 1-11 所示为燃用 BED 多组分燃料排放的 CO 与曲轴转角的关系。图

1-12 所示是燃用 BED 多组分燃料排放的 CO_2 与曲轴转角的关系。表 1-11 为燃用 BED 多组分燃料排放的 CO 的空间分布情况。表 1-12 为燃用 BED 多组分燃料排放的 CO_2 的空间分布情况。CO 排放主要是烃类燃料不完全燃烧造成的，随着混合燃料中乙醇比例的增高，CO 排放有所减少。这是因为掺入乙醇后多组分燃料的氧含量有所提高，雾化质量改善有所且抑制了燃烧排放的 CO_2 的还原反应。

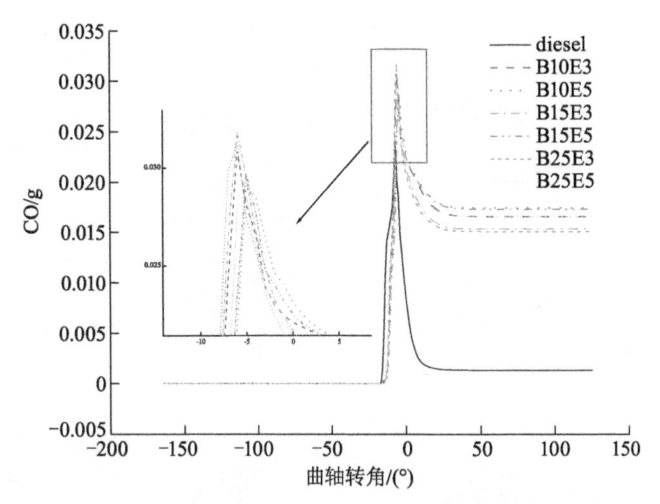

图 1-11　燃用 BED 多组分燃料 CO 排放是与曲轴转角的关系

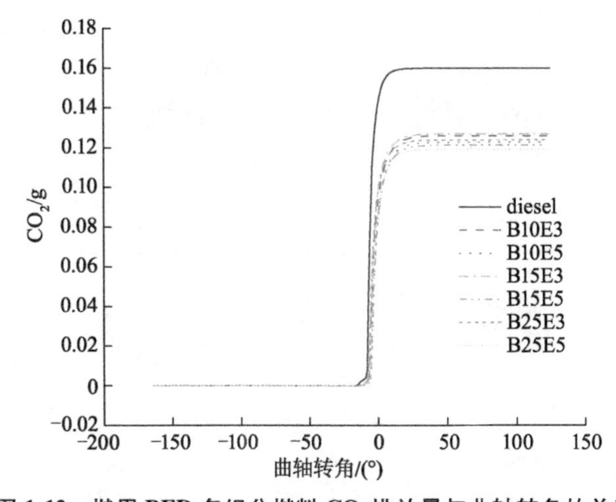

图 1-12　燃用 BED 多组分燃料 CO_2 排放量与曲轴转角的关系

表 1-11　燃用 BED 多组分燃料排放的 CO 的空间分布情况

曲轴转角/(°)	柴油	B10E3	B10E5
−7.98	co Mass Fractions : co Mass Fractions Units: 2.093E-2 1.395E-2 6.977E-3 1.713E-9	co Mass Fractions : co Mass Fractions Units: 2.942E-2 1.962E-2 9.808E-3 8.463E-10	co Mass Fractions : co Mass Fractions Units: 1.948E-2 1.298E-2 6.492E-3 7.163E-12
−2.98	co Mass Fractions : co Mass Fractions Units: 4.167E-2 2.778E-2 1.389E-2 5.155E-9	co Mass Fractions : co Mass Fractions Units: 3.667E-2 2.444E-2 1.222E-2 2.476E-9	co Mass Fractions : co Mass Fractions Units: 3.793E-2 2.529E-2 1.264E-2 4.601E-11
0.01	co Mass Fractions : co Mass Fractions Units: 3.539E-2 2.359E-2 1.180E-2 6.393E-9	co Mass Fractions : co Mass Fractions Units: 2.737E-2 1.825E-2 9.125E-3 3.054E-9	co Mass Fractions : co Mass Fractions Units: 2.795E-2 1.863E-2 9.316E-3 9.458E-11
7.03	co Mass Fractions : co Mass Fractions Units: 2.852E-2 1.901E-2 9.507E-3 8.331E-9	co Mass Fractions : co Mass Fractions Units: 2.049E-2 1.366E-2 6.830E-3 3.771E-9	co Mass Fractions : co Mass Fractions Units: 1.817E-2 1.211E-2 6.055E-3 2.534E-10
15.02	co Mass Fractions : co Mass Fractions Units: 1.986E-2 1.324E-2 6.621E-3 9.836E-9	co Mass Fractions : co Mass Fractions Units: 1.607E-2 1.071E-2 5.356E-3 4.327E-9	co Mass Fractions : co Mass Fractions Units: 1.362E-2 9.083E-3 4.542E-3 4.727E-10

曲轴转角/(°)	B15E3	B15E5	B25E3	B25E5
−7.98	co Mass Fractions : co Mass Fractions Units: 3.803E-2 2.535E-2 1.268E-2 1.584E-11	co Mass Fractions : co Mass Fractions Units: 1.996E-2 1.331E-2 6.654E-3 3.904E-11	co Mass Fractions : co Mass Fractions Units: 4.693E-2 3.129E-2 1.564E-2 1.976E-10	co Mass Fractions : co Mass Fractions Units: 2.287E-2 1.524E-2 7.622E-3 1.209E-10
−2.98	co Mass Fractions : co Mass Fractions Units: 3.617E-2 2.411E-2 1.206E-2 8.872E-11	co Mass Fractions : co Mass Fractions Units: 3.713E-2 2.475E-2 1.238E-2 1.639E-10	co Mass Fractions : co Mass Fractions Units: 3.294E-2 2.196E-2 1.098E-2 6.131E-10	co Mass Fractions : co Mass Fractions Units: 3.574E-2 2.383E-2 1.191E-2 4.023E-10

续表

曲轴转角/(°)	B15E3	B15E5	B25E3	B25E5
0.01	co Mass Fractions : co Mass Fractions Units: 2.903E-2 1.935E-2 9.677E-3 1.711E-10	co Mass Fractions : co Mass Fractions Units: 2.767E-2 1.845E-2 9.223E-3 2.493E-10	co Mass Fractions : co Mass Fractions Units: 2.405E-2 1.603E-2 8.017E-3 7.772E-10	co Mass Fractions : co Mass Fractions Units: 2.560E-2 1.707E-2 8.534E-3 5.456E-10
7.03	co Mass Fractions : co Mass Fractions Units: 1.570E-2 1.047E-2 5.233E-3 4.414E-10	co Mass Fractions : co Mass Fractions Units: 1.777E-2 1.184E-2 5.922E-3 4.608E-10	co Mass Fractions : co Mass Fractions Units: 1.613E-2 1.075E-2 5.375E-3 1.137E-9	co Mass Fractions : co Mass Fractions Units: 1.720E-2 1.147E-2 5.735E-3 8.042E-10
15.02	co Mass Fractions : co Mass Fractions Units: 1.225E-2 8.168E-3 4.084E-3 7.842E-10	co Mass Fractions : co Mass Fractions Units: 1.355E-2 9.035E-3 4.518E-3 7.137E-10	co Mass Fractions : co Mass Fractions Units: 1.277E-2 8.513E-3 4.256E-3 1.516E-9	co Mass Fractions : co Mass Fractions Units: 1.344E-2 8.959E-3 4.480E-3 1.076E-9

表 1-12　燃用 BED 多组分燃料排放的 CO_2 的空间分布情况

曲轴转角/(°)	柴油	B10E3	B10E5
−7.98	co2 Mass Fractions : co2 Mass Fractions Units: 9.121E-3 6.081E-3 3.040E-3 3.311E-11	co2 Mass Fractions : co2 Mass Fractions Units: 3.064E-3 2.043E-3 1.021E-3 1.595E-11	co2 Mass Fractions : co2 Mass Fractions Units: 1.643E-3 1.095E-3 5.476E-4 1.224E-13
−2.98	co2 Mass Fractions : co2 Mass Fractions Units: 1.040E-1 6.930E-2 3.465E-2 1.820E-10	co2 Mass Fractions : co2 Mass Fractions Units: 1.048E-1 6.988E-2 3.494E-2 5.318E-11	co2 Mass Fractions : co2 Mass Fractions Units: 1.040E-1 6.934E-2 3.467E-2 1.472E-12
0.01	co2 Mass Fractions : co2 Mass Fractions Units: 1.033E-1 6.887E-2 3.444E-2 2.804E-10	co2 Mass Fractions : co2 Mass Fractions Units: 1.069E-1 7.128E-2 3.564E-2 6.966E-11	co2 Mass Fractions : co2 Mass Fractions Units: 1.062E-1 7.081E-2 3.540E-2 3.249E-12
7.03	co2 Mass Fractions : co2 Mass Fractions Units: 1.071E-1 7.139E-2 3.569E-2 4.691E-10	co2 Mass Fractions : co2 Mass Fractions Units: 1.089E-1 7.262E-2 3.631E-2 9.144E-11	co2 Mass Fractions : co2 Mass Fractions Units: 1.049E-1 6.994E-2 3.497E-2 8.698E-12
15.02	co2 Mass Fractions : co2 Mass Fractions Units: 1.051E-1 7.008E-2 3.504E-2 6.017E-10	co2 Mass Fractions : co2 Mass Fractions Units: 1.037E-1 6.916E-2 3.458E-2 1.082E-10	co2 Mass Fractions : co2 Mass Fractions Units: 1.034E-1 6.897E-2 3.448E-2 1.568E-11

续表

曲轴转角/(°)	B15E3	B15E5	B25E3	B25E5
-7.98	co2 Mass Fractions : co2 Mass Fractions Units: 4.645E-3 3.097E-3 1.548E-3 4.478E-13	co2 Mass Fractions : co2 Mass Fractions Units: 1.726E-3 1.150E-3 5.752E-4 7.288E-13	co2 Mass Fractions : co2 Mass Fractions Units: 6.958E-3 4.639E-3 2.319E-3 3.398E-12	co2 Mass Fractions : co2 Mass Fractions Units: 2.165E-3 1.443E-3 7.217E-4 2.252E-12
-2.98	co2 Mass Fractions : co2 Mass Fractions Units: 1.040E-1 6.936E-2 3.468E-2 3.441E-12	co2 Mass Fractions : co2 Mass Fractions Units: 1.043E-1 6.956E-2 3.478E-2 4.882E-12	co2 Mass Fractions : co2 Mass Fractions Units: 1.058E-1 7.052E-2 3.526E-2 1.531E-11	co2 Mass Fractions : co2 Mass Fractions Units: 1.060E-1 7.063E-2 3.532E-2 1.096E-11
0.01	co2 Mass Fractions : co2 Mass Fractions Units: 1.055E-1 7.033E-2 3.517E-2 6.554E-12	co2 Mass Fractions : co2 Mass Fractions Units: 1.049E-1 6.994E-2 3.497E-2 8.223E-12	co2 Mass Fractions : co2 Mass Fractions Units: 1.085E-1 7.231E-2 3.616E-2 2.119E-11	co2 Mass Fractions : co2 Mass Fractions Units: 1.075E-1 7.165E-2 3.583E-2 1.624E-11
7.03	co2 Mass Fractions : co2 Mass Fractions Units: 1.067E-1 7.112E-2 3.556E-2 1.599E-11	co2 Mass Fractions : co2 Mass Fractions Units: 1.046E-1 6.974E-2 3.487E-2 1.612E-11	co2 Mass Fractions : co2 Mass Fractions Units: 1.066E-1 7.110E-2 3.555E-2 3.431E-11	co2 Mass Fractions : co2 Mass Fractions Units: 1.064E-1 7.096E-2 3.548E-2 2.613E-11
15.02	co2 Mass Fractions : co2 Mass Fractions Units: 1.032E-1 6.880E-2 3.440E-2 2.707E-11	co2 Mass Fractions : co2 Mass Fractions Units: 1.025E-1 6.832E-2 3.416E-2 2.482E-11	co2 Mass Fractions : co2 Mass Fractions Units: 1.025E-1 6.834E-2 3.417E-2 4.749E-11	co2 Mass Fractions : co2 Mass Fractions Units: 1.018E-1 6.784E-2 3.392E-2 3.584E-11

由于生物柴油密度高、黏度高，所以混配出的 BED 多组分燃料的流动性较差，无法改善混合气雾化及混合，且不完全燃烧的趋势变大，因此添加生物柴油后 BED 多组分燃料的 CO 排放高于柴油。BED 多组分燃料都是含氧燃料，有助于氧化 CO，改善 CO 的排放。生物柴油-乙醇-柴油混合燃料的超高含氧量特性，有利于改善 CO 的氧化反应条件，降低 CO 排放。掺混的乙醇具有较高的汽化潜热，会进一步降低燃烧室内混合燃油的温度，不利于 CO 的氧化。混合燃料中乙醇所占比例越高，燃料雾化时效果就越佳，氧含量也会更高，这不仅可以抑制 CO_2 的还原从而降低 CO 的排放，还可以改善燃烧过程。因此，柴油机使用 BED 多组分燃料对 CO 排放在很大程度上得到改善。

(2) 氮氧化合物(NO_x)排放特性分析

NO_x 的排放受多种因素的影响，主要影响因素有燃油混合气的氧含量、高温滞留的时间及燃烧温度。由表 1-13 总结得到，生物柴油主要是氧含量为 10%的燃料，在燃烧过程中可以提供氧气，使得氧浓度升高；柴油的十六烷值没有生物柴油的高，燃用掺混生物柴油的燃料就会导致燃烧相位提前。

图 1-13 所示是燃用 BED 多组分燃料的 NO 排放与曲轴转角的变化关系。图 1-14 所示是燃用 BED 多组分燃料的 NO_2 排放与曲轴转角的关系。从图 1-13 和图 1-14 中可以直观地看出柴油机应用 BED 燃料之后 NO_x 排放与曲轴转角的变化关系。表 1-13 是燃用 BED 多组分燃料排放的 NO 的空间分布情况。表 1-14 为燃用 BED 多组分燃料排放的 NO_2 的空间分布情况。表 1-15 为燃用 BED 多组分燃料排放的 N_2 的空间分布情况。

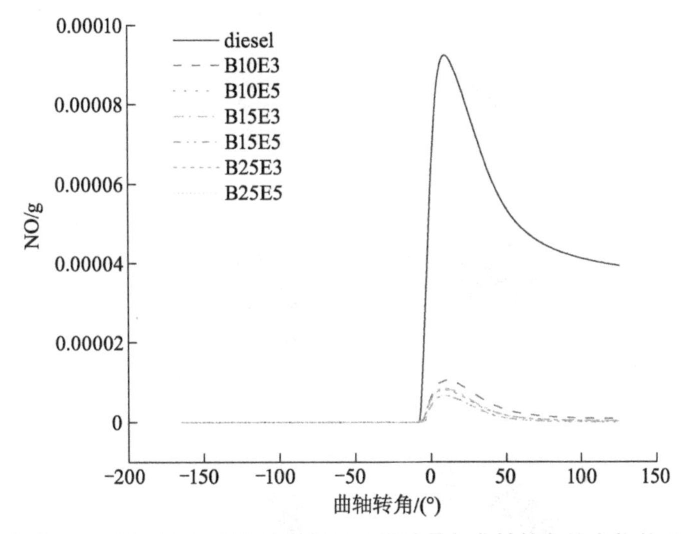

图 1-13　燃用 BED 多组分燃料 NO 排放量与曲轴转角的变化关系

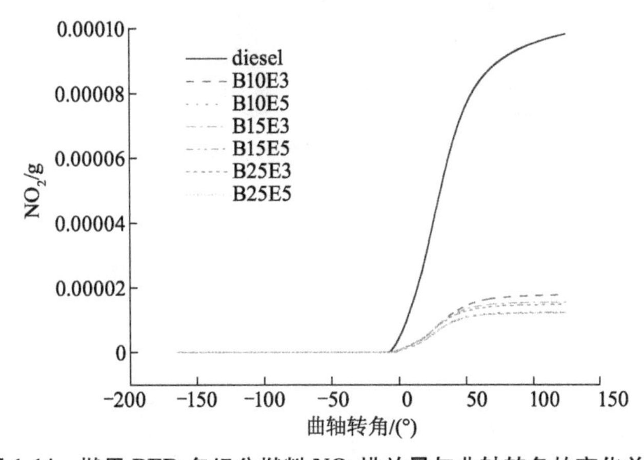

图 1-14　燃用 BED 多组分燃料 NO_2 排放量与曲轴转角的变化关系

表 1-13　燃用 BED 多组分燃料排放的 NO 的空间分布情况

曲轴转角/(°)	柴油	B10E3	B10E5
−7.98	no Mass Fractions : no Mass Fractions Units: 1.267E-16 8.445E-17 4.223E-17 7.390E-25	no Mass Fractions : no Mass Fractions Units: 0.000E0 0.000E0 0.000E0 0.000E0	no Mass Fractions : no Mass Fractions Units: 0.000E0 0.000E0 0.000E0 0.000E0
−2.98	no Mass Fractions : no Mass Fractions Units: 2.585E-5 1.723E-5 8.616E-6 1.302E-20	no Mass Fractions : no Mass Fractions Units: 1.207E-5 8.049E-6 4.024E-6 0.000E0	no Mass Fractions : no Mass Fractions Units: 6.529E-6 4.353E-6 2.176E-6 0.000E0
0.01	no Mass Fractions : no Mass Fractions Units: 4.646E-5 3.097E-5 1.549E-5 1.204E-19	no Mass Fractions : no Mass Fractions Units: 1.964E-5 1.309E-5 6.546E-6 0.000E0	no Mass Fractions : no Mass Fractions Units: 1.196E-5 7.975E-6 3.987E-6 0.000E0
7.03	no Mass Fractions : no Mass Fractions Units: 7.389E-5 4.926E-5 2.463E-5 4.857E-18	no Mass Fractions : no Mass Fractions Units: 2.604E-5 1.736E-5 8.681E-6 0.000E0	no Mass Fractions : no Mass Fractions Units: 1.686E-5 1.124E-5 5.619E-6 0.000E0
15.02	no Mass Fractions : no Mass Fractions Units: 6.748E-5 4.498E-5 2.249E-5 5.701E-17	no Mass Fractions : no Mass Fractions Units: 2.378E-5 1.585E-5 7.927E-6 3.227E-29	no Mass Fractions : no Mass Fractions Units: 1.578E-5 1.052E-5 5.260E-6 1.640E-30

曲轴转角/(°)	B15E3	B15E5	B25E3	B25E5
−7.98	no Mass Fractions : no Mass Fractions Units: 0.000E0 0.000E0 0.000E0 0.000E0	no Mass Fractions : no Mass Fractions Units: 0.000E0 0.000E0 0.000E0 0.000E0	no Mass Fractions : no Mass Fractions Units: 0.000E0 0.000E0 0.000E0 0.000E0	no Mass Fractions : no Mass Fractions Units: 0.000E0 0.000E0 0.000E0 0.000E0
−2.98	no Mass Fractions : no Mass Fractions Units: 1.047E-5 6.980E-6 3.490E-6 0.000E0	no Mass Fractions : no Mass Fractions Units: 7.140E-6 4.760E-6 2.380E-6 0.000E0	no Mass Fractions : no Mass Fractions Units: 1.085E-5 7.235E-6 3.618E-6 0.000E0	no Mass Fractions : no Mass Fractions Units: 8.179E-6 5.453E-6 2.726E-6 0.000E0

续表

曲轴转角/(°)	B15E3	B15E5	B25E3	B25E5
0.01	no Mass Fractions : no Mass Fractions Units: 1.827E-5 1.218E-5 6.091E-6 0.000E0	no Mass Fractions : no Mass Fractions Units: 1.286E-5 8.573E-6 4.286E-6 0.000E0	no Mass Fractions : no Mass Fractions Units: 1.777E-5 1.185E-5 5.924E-6 1.044E-92	no Mass Fractions : no Mass Fractions Units: 1.486E-5 9.908E-6 4.954E-6 3.135E-48
7.03	no Mass Fractions : no Mass Fractions Units: 2.191E-5 1.460E-5 7.302E-6 0.000E0	no Mass Fractions : no Mass Fractions Units: 1.686E-5 1.124E-5 5.619E-6 0.000E0	no Mass Fractions : no Mass Fractions Units: 2.101E-5 1.401E-5 7.004E-6 0.000E0	no Mass Fractions : no Mass Fractions Units: 1.825E-5 1.217E-5 6.084E-6 0.000E0
15.02	no Mass Fractions : no Mass Fractions Units: 1.954E-5 1.303E-5 6.514E-6 1.813E-24	no Mass Fractions : no Mass Fractions Units: 1.552E-5 1.035E-5 5.173E-6 3.017E-28	no Mass Fractions : no Mass Fractions Units: 1.890E-5 1.260E-5 6.299E-6 1.224E-28	no Mass Fractions : no Mass Fractions Units: 1.551E-5 1.034E-5 5.172E-6 1.415E-23

表 1-14　燃用 BED 多组分燃料排放的 NO_2 的空间分布情况

曲轴转角/(°)	柴油	B10E3	B10E5
−7.98	no2 Mass Fractions : no2 Mass Fractions Units: 1.198E-15 7.984E-16 3.992E-16 7.544E-26	no2 Mass Fractions : no2 Mass Fractions Units: 0.000E0 0.000E0 0.000E0 0.000E0	no2 Mass Fractions : no2 Mass Fractions Units: 0.000E0 0.000E0 0.000E0 0.000E0
−2.98	no2 Mass Fractions : no2 Mass Fractions Units: 1.271E-6 8.473E-7 4.236E-7 3.143E-21	no2 Mass Fractions : no2 Mass Fractions Units: 8.502E-7 5.668E-7 2.834E-7 9.360E-122	no2 Mass Fractions : no2 Mass Fractions Units: 4.434E-7 2.956E-7 1.478E-7 0.000E0
0.01	no2 Mass Fractions : no2 Mass Fractions Units: 2.376E-6 1.584E-6 7.921E-7 5.580E-21	no2 Mass Fractions : no2 Mass Fractions Units: 1.382E-6 9.211E-7 4.605E-7 1.328E-87	no2 Mass Fractions : no2 Mass Fractions Units: 1.037E-6 6.913E-7 3.457E-7 1.272E-101
7.03	no2 Mass Fractions : no2 Mass Fractions Units: 3.135E-6 2.090E-6 1.045E-6 4.487E-19	no2 Mass Fractions : no2 Mass Fractions Units: 2.237E-6 1.491E-6 7.457E-7 5.389E-44	no2 Mass Fractions : no2 Mass Fractions Units: 2.077E-6 1.385E-6 6.925E-7 5.034E-83
15.02	no2 Mass Fractions : no2 Mass Fractions Units: 5.726E-6 3.817E-6 1.909E-6 3.344E-17	no2 Mass Fractions : no2 Mass Fractions Units: 3.241E-6 2.161E-6 1.080E-6 5.133E-46	no2 Mass Fractions : no2 Mass Fractions Units: 2.703E-6 1.802E-6 9.011E-7 3.699E-27

续表

曲轴转角/(°)	B15E3	B15E5	B25E3	B25E5
−7.98	no2 Mass Fractions : no2 Mass Fractions Units: 0.000E0 0.000E0 0.000E0 0.000E0	no2 Mass Fractions : no2 Mass Fractions Units: 0.000E0 0.000E0 0.000E0 0.000E0	no2 Mass Fractions : no2 Mass Fractions Units: 0.000E0 0.000E0 0.000E0 0.000E0	no2 Mass Fractions : no2 Mass Fractions Units: 0.000E0 0.000E0 0.000E0 0.000E0
−2.98	no2 Mass Fractions : no2 Mass Fractions Units: 8.814E-7 5.876E-7 2.938E-7 1.462E-94	no2 Mass Fractions : no2 Mass Fractions Units: 5.145E-7 3.430E-7 1.715E-7 0.000E0	no2 Mass Fractions : no2 Mass Fractions Units: 9.201E-7 6.134E-7 3.067E-7 0.000E0	no2 Mass Fractions : no2 Mass Fractions Units: 6.426E-7 4.284E-7 2.142E-7 0.000E0
0.01	no2 Mass Fractions : no2 Mass Fractions Units: 1.240E-6 8.263E-7 4.132E-7 3.946E-50	no2 Mass Fractions : no2 Mass Fractions Units: 1.104E-6 7.357E-7 3.679E-7 1.819E-62	no2 Mass Fractions : no2 Mass Fractions Units: 1.314E-6 8.761E-7 4.381E-7 1.565E-101	no2 Mass Fractions : no2 Mass Fractions Units: 9.928E-7 6.619E-7 3.309E-7 8.970E-103
7.03	no2 Mass Fractions : no2 Mass Fractions Units: 2.290E-6 1.526E-6 7.632E-7 3.666E-72	no2 Mass Fractions : no2 Mass Fractions Units: 2.162E-6 1.442E-6 7.208E-7 3.706E-72	no2 Mass Fractions : no2 Mass Fractions Units: 2.233E-6 1.488E-6 7.442E-7 4.386E-67	no2 Mass Fractions : no2 Mass Fractions Units: 2.043E-6 1.362E-6 6.809E-7 1.558E-45
15.02	no2 Mass Fractions : no2 Mass Fractions Units: 3.476E-6 2.317E-6 1.159E-6 3.053E-39	no2 Mass Fractions : no2 Mass Fractions Units: 2.745E-6 1.830E-6 9.149E-7 6.823E-42	no2 Mass Fractions : no2 Mass Fractions Units: 3.122E-6 2.081E-6 1.041E-6 6.923E-21	no2 Mass Fractions : no2 Mass Fractions Units: 2.489E-6 1.660E-6 8.298E-7 6.031E-72

表 1-15　燃用 BED 多组分燃料排放的 N_2 的空间分布情况

曲轴转角/(°)	柴油	B10E3	B10E5
−7.98	n2 Mass Fractions : n2 Mass Fractions Units: 8.740E-1 8.585E-1 8.430E-1 8.275E-1	n2 Mass Fractions : n2 Mass Fractions Units: 8.740E-1 8.593E-1 8.447E-1 8.300E-1	n2 Mass Fractions : n2 Mass Fractions Units: 8.740E-1 8.590E-1 8.441E-1 8.291E-1
−2.98	n2 Mass Fractions : n2 Mass Fractions Units: 8.740E-1 8.601E-1 8.462E-1 8.322E-1	n2 Mass Fractions : n2 Mass Fractions Units: 8.740E-1 8.603E-1 8.465E-1 8.328E-1	n2 Mass Fractions : n2 Mass Fractions Units: 8.740E-1 8.597E-1 8.454E-1 8.311E-1
0.01	n2 Mass Fractions : n2 Mass Fractions Units: 8.740E-1 8.609E-1 8.478E-1 8.347E-1	n2 Mass Fractions : n2 Mass Fractions Units: 8.740E-1 8.610E-1 8.481E-1 8.351E-1	n2 Mass Fractions : n2 Mass Fractions Units: 8.740E-1 8.607E-1 8.474E-1 8.342E-1

续表

曲轴转角/(°)	柴油	B10E3	B10E5
7.03	n2 Mass Fractions : n2 Mass Fractions Units: 8.740E-1 8.615E-1 8.491E-1 8.366E-1	n2 Mass Fractions : n2 Mass Fractions Units: 8.740E-1 8.617E-1 8.494E-1 8.371E-1	n2 Mass Fractions : n2 Mass Fractions Units: 8.740E-1 8.621E-1 8.502E-1 8.383E-1
15.02	n2 Mass Fractions : n2 Mass Fractions Units: 8.740E-1 8.623E-1 8.506E-1 8.388E-1	n2 Mass Fractions : n2 Mass Fractions Units: 8.740E-1 8.631E-1 8.523E-1 8.414E-1	n2 Mass Fractions : n2 Mass Fractions Units: 8.740E-1 8.636E-1 8.532E-1 8.428E-1

曲轴转角/(°)	B15E3	B15E5	B25E3	B25E5
-7.98	n2 Mass Fractions : n2 Mass Fractions Units: 8.740E-1 8.589E-1 8.437E-1 8.286E-1	n2 Mass Fractions : n2 Mass Fractions Units: 8.740E-1 8.592E-1 8.444E-1 8.296E-1	n2 Mass Fractions : n2 Mass Fractions Units: 8.740E-1 8.591E-1 8.442E-1 8.293E-1	n2 Mass Fractions : n2 Mass Fractions Units: 8.740E-1 8.594E-1 8.448E-1 8.302E-1
-2.98	n2 Mass Fractions : n2 Mass Fractions Units: 8.740E-1 8.602E-1 8.465E-1 8.327E-1	n2 Mass Fractions : n2 Mass Fractions Units: 8.740E-1 8.599E-1 8.457E-1 8.316E-1	n2 Mass Fractions : n2 Mass Fractions Units: 8.740E-1 8.602E-1 8.465E-1 8.327E-1	n2 Mass Fractions : n2 Mass Fractions Units: 8.740E-1 8.603E-1 8.467E-1 8.330E-1
0.01	n2 Mass Fractions : n2 Mass Fractions Units: 8.740E-1 8.607E-1 8.474E-1 8.341E-1	n2 Mass Fractions : n2 Mass Fractions Units: 8.740E-1 8.610E-1 8.479E-1 8.349E-1	n2 Mass Fractions : n2 Mass Fractions Units: 8.740E-1 8.607E-1 8.474E-1 8.341E-1	n2 Mass Fractions : n2 Mass Fractions Units: 8.740E-1 8.611E-1 8.481E-1 8.352E-1
7.03	n2 Mass Fractions : n2 Mass Fractions Units: 8.740E-1 8.617E-1 8.495E-1 8.372E-1	n2 Mass Fractions : n2 Mass Fractions Units: 8.740E-1 8.623E-1 8.505E-1 8.388E-1	n2 Mass Fractions : n2 Mass Fractions Units: 8.740E-1 8.618E-1 8.496E-1 8.374E-1	n2 Mass Fractions : n2 Mass Fractions Units: 8.740E-1 8.619E-1 8.498E-1 8.378E-1
15.02	n2 Mass Fractions : n2 Mass Fractions Units: 8.740E-1 8.634E-1 8.528E-1 8.422E-1	n2 Mass Fractions : n2 Mass Fractions Units: 8.740E-1 8.636E-1 8.532E-1 8.428E-1	n2 Mass Fractions : n2 Mass Fractions Units: 8.740E-1 8.632E-1 8.525E-1 8.417E-1	n2 Mass Fractions : n2 Mass Fractions Units: 8.740E-1 8.632E-1 8.524E-1 8.416E-1

从图 1-13 和图 1-14 可以观察到，生物柴油和乙醇的加入使得柴油机燃烧 NO 和 NO_2的排放均有较大幅度减少。在−10°CA 时 NO_x开始产生，并且随着燃烧时间的延长，NO_x的浓度不断增加，到 70°CA 时浓度曲线整体趋于平稳。由图 1-13 和图 1-14 可知，燃用 B10E3、B15E3 和 B25E3 所排放的 NO 及 NO_2，与燃用 B10E5、B15E5 及 B25E5 三种燃料相比稍高一些，这是由于 BED

燃料中的生物柴油和乙醇是含氧燃料，燃料的氧浓度升高，NO_x的排放也随着生物柴油和乙醇的掺混比不同发生变化。

(3) 碳烟排放分析

碳烟是由于燃料在高温缺氧的环境下不充分燃烧所生成的，碳元素所组成的碳烟是颗粒物排放的重要成分。碳烟生成涉及许多化学和物理变化，十分复杂。燃烧的初始阶段，燃料由于高温缺氧，裂解为小分子后异构化形成苯环，混合气里的分子转变为固态的颗粒物，进而形成碳核。

图 1-15 为仿真获得的六种比例的 BED 燃料的碳烟排放与曲轴转角的变化关系，与燃用柴油相比，柴油机燃用六种比例的 BED 燃料所排放的碳烟显著减少，且不同比例燃料之间的碳烟排放差异很小。碳烟容易在高温缺氧的环境生成，混合柴油燃料的氧含量随着燃料中乙醇比例的增加进一步升高，且乙醇具有低十六烷值的理化性质，所以滞燃期会进一步延长，碳烟的产生和排放得以进一步降低。乙醇能改善雾化质量，降低燃料中的颗粒索特直径，使燃烧更加充分，因此，BED 混合燃料中，乙醇的掺混比例越高，碳烟的排放就越少。

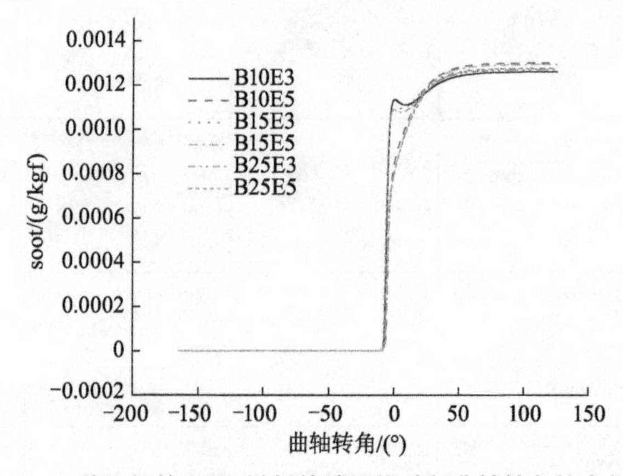

图 1-15　六种比例的 BED 燃料的碳烟排放与曲轴转角的变化关系

1.5　总结

本章主要针对柴油机应用生物柴油、乙醇及柴油按比例配制成的六种 BED 燃料，通过 Forte 进行燃烧过程的仿真，展开对燃料燃烧及排放特性的研究，探讨乙醇和生物柴油的掺混比对缸内温度、压力、NO_x、CO、CO_2和碳烟生成的影响。

本章主要工作内容：

（1）构建乙醇、生物柴油及柴油混合燃料的简化机理，再通过 Forte 进行燃烧过程的仿真，与燃用柴油的情况进行比对，分析不同 BED 燃料的燃烧特性和排放特性的差异性。

（2）通过改变生物柴油、乙醇及柴油的不同掺混比例，分析其对柴油机燃烧特性及排放特性的影响，得到以下结论：由于乙醇的高汽化潜热、低十六烷值的特性，随着多组分燃料中乙醇掺混比例的增加，缸内压力的峰值逐渐减小；由于乙醇的低热值特性，随着乙醇掺混比的增加，燃料的放热量降低；混合燃料中乙醇占比越高，燃料雾化效果就越佳，氧含量也会更高，这不仅可以抑制 CO_2 的还原，从而降低 CO 的排放，还可以改善燃烧过程；由于 BED 燃料中的生物柴油和乙醇是含氧燃料，燃料的氧浓度升高，NO_x 的排放也随着生物柴油和乙醇的掺混比差异发生变化。

由于生物柴油、乙醇和柴油三者的密度、黏度、氧含量、闪点、冷凝点、汽化潜热、十六烷值、低热值等都有区别，因此燃用 BED 燃料对柴油机的雾化蒸发、燃油喷射、燃烧和着火等过程，以及经济性、动力性和排放特性等都会造成一定的影响。研究发现，燃用不同混配比例的 BED 燃料，柴油机的 NO_x、CO 和 CO_2 排放得到有效改善，同时柴油机的碳烟排放也会随着燃料含氧量的增加而降低。

为了进一步改善发动机燃烧与排放特性，实现发动机的高效清洁燃烧，本章主要研究分析了乙醇和生物柴油添加到柴油中之后燃烧和排放出现的明显改变。今后，可以选用更多乙醇和生物柴油按不同比例混掺的燃料，同时联合多种仿真软件来对柴油机的燃烧过程进行仿真并进行细致分析，以确定最佳的掺混比例，达到节能减排的目的。

第 2 章　柴油天然气缸内燃烧模拟

2.1　简介

柴油机是现代社会普遍使用的发动机，应用比较广泛，涉及领域也较多。柴油机的热效率较高，与汽油机相比排气污染要少。在我国北方省份，雾霾一直很严重。特别是冬季，空气污染指数居高不下，严重危害居民的身体健康。引起雾霾的主要原因是大量化石燃料燃烧后产生诸如 NO_x、PM 和 SO_x 等污染物，这些废气会对人体造成很大伤害。

寻找可以减少污染排放的替代燃料是各国学者一直都在努力的方向。我国国土资源部的统计资料显示，2020 年，我国新增探明的可采储天然气量约为 7800.65 亿立方米（图 2-1），居世界第 13 位。天然气燃料具有燃烧热值高、储存简单、燃烧排放物清洁等优点，是比较理想的清洁能源。

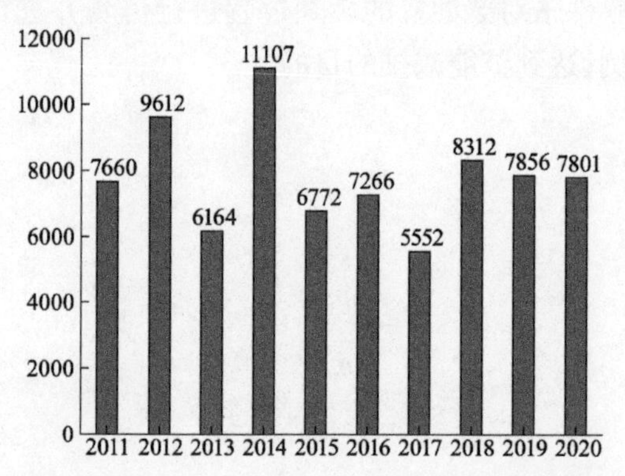

图 2-1　2011—2020 年中国天然气勘查新增探明地质储量（单位：亿立方米）

燃用天然气的发动机与 1872 年奥托循环发动机的出现是同步的，但是由于气态燃料不稳定，加上无法长期有效地储存天然气，运输条件也不合格，于是燃用天然气的发动机逐步被燃用液体燃料的发动机替代。20 世纪 70 年代发生的中东石油危机是一个转折点，将天然气作为发动机的动力燃料使用的提案再次被人们翻出。到 20 世纪末，气体燃料被越来越多的国家使用，气体和燃油混合燃料发动机技术也得到发展迅速。将柴油机制作成双燃料发动机时，发动机结构改动不大，但是排放性能得到了优化，具有比较好的安全性和可靠性。Sahoo 等利用柴油和不同燃料气体（天然气、沼气、煤气、甲烷等）的燃烧过程对双燃料柴油机参数和燃气性能的影响进行了深入分析，结果表明，双燃料柴油机可以改善 NO_x 和 soot 的排放。Papagiannakis 等对改装的双燃料发动机进行了实机台架试验，他们发现，在不同的柴油喷射时期，发动机的经济性和排放量会有很大的差异。2011 年，Azomov 等通过 CFD 软件结合化学动力学机理反应对双燃料发动机混合合成气体进行仿真模拟，模拟结果与实验数据对比，缸压和温度数据吻合良好。在柴油机燃烧系统参数优化匹配研究方面，威斯康星大学的 Gerpen 对涡流比及喷油压力对柴油机排放、着火延迟影响做了研究。日本德岛大学的 Kidoguehi 等对一台直喷柴油机进行实验，对燃烧室的形状和燃油分布情况做了改进。2014 年，Abagnale 等通过实验和模拟研究了不同替代率预混双燃料发动机的燃烧和排放特性，他强调，当天然气的替代率超过 75%时，发动机会有发生爆震的趋势。2016 年，SilvanaDi 等通过实验研究了小型压燃式发动机在天然气-柴油模式下的燃烧产物微粒大小与质量分布特性，结果表明，发动机双燃料模式下的着火落后期和燃烧持续期都变长，与纯柴油模式发动机相比，排放出的燃烧产物的微粒数量少得多。

吉林大学通过试验分析了天然气-柴油双燃料发动机的燃烧特性，阐述了这种混合燃烧发动机的优点和不足。他们研究了不同的喷油时刻和不同天然气掺混比对双燃料发动机燃烧过程的影响，指出减少着火落后期燃料的能量快速释放量及降低油束周围天然气被点燃后的火焰传播速度，可解决双燃料发动机天然气替代率偏低的问题。清华大学利用实机试验研究了引燃柴油供给系统结构参数对天然气和柴油双燃料发动机燃烧特性的影响。天津大学研发了双燃料发动机燃烧放热规律的计算软件，并利用该软件分析了双燃料发动机的燃烧特性，发现通过控制双燃料发动机着火始点可控制缸内最大爆发压力和 NO_x 排放量。北京理工大学将 F6L912Q 型风冷式柴油机改装为 ECU 控制的多点顺序喷射双燃料发动机，排放指标除碳氢外均可达到较高的标准。

2.2 主要研究内容

天然气中富含大量的甲烷，它的特点是有较高的自燃温度，优点是气体燃料容易与空气混合，缺点是化学活性较差，所以要在一定条件下才能完全燃烧。完成引燃柴油混合气着火后，气缸内会形成若干火焰核心，如果混合气中的天然气没有达到一定浓度，缸内的部分区域就不可能得到最充分的燃烧，缸内残留的混合燃料无法发生燃烧，就会导致热效率变低。当掺加天然气的比例达到一定浓度时，燃烧会迅速扩散到整个气缸，这样混合气燃烧就会比较充分。天然气是相对安全的燃气，因为它的质量比空气轻，如果出现泄漏情况，天然气会立即向上扩散，不容易汇聚形成爆炸性气体。

本章以一台涡轮增压、进气中冷柴油机作为仿真模型，对燃油喷射参数灵活控制，以达到仿真研究的需求。以柴油为基础燃料，在使用 Forte 进行仿真时，在进气过程中加入不同比例的天然气，制取不同比例的天然气-柴油混合燃料，研究其对发动机燃烧与排放的改善效果。

本书使用的 Forte 是较为新颖的柴油机仿真软件，与过去传统的仿真软件相比，有了较大的进步和改善。首先，操作过程相对简单，制作仿真模型的时间大大缩短。其次，该软件可以直接与多个软件耦合，仿真运行的数据可以直接输入 Excel 表格中，方便数据整理，在仿真结束后缸内压力、温度和排放物的变化也可以直接在可视化窗口中打开查看。Forte 对电脑处理器性能要求比较高，对其他显卡和内存要求不高，有较好的网格生成技术，能精确检测和计算缸内每一部分的仿真状况，并且可以实时监测。传统仿真软件对于缸内化学反应的细节处理速度较慢，但 Forte 不存在这样的问题，对于不同的双燃料柴油机都能准确地进行仿真，并且将该软件仿真模型与自动网格生成进行耦合，能快速完成设计分析。概括说来，Forte 拥有卓越的能力，可在短时间内对复杂的化学模型进行处理。

2.3 掺烧天然气的柴油机燃烧仿真模拟

天然气和柴油缸内燃烧试验通常都是在现实中完成的，可是试验无法准确地表示每一时刻的缸内物质的变化，所以要通过建立柴油机的仿真模型来观察缸内物质每分每秒的变化过程，并在此基础上研究加入不同比例的天然气对缸内燃烧特性的影响。Forte 可以创建缸内二维和三维仿真模型，直观地看出缸内排放物的扩散和变化过程。

2.3.1 部分重要方程

缸内燃烧时气缸中所有物质都满足质量守恒定律,公式表示为

$$\frac{\partial\rho}{\partial t}+\frac{\partial(\rho u)}{\partial x}+\frac{\partial(\rho v)}{\partial y}+\frac{\partial(\rho w)}{\partial z}=0 \tag{2-1}$$

哈密顿算子表达式为

$$\frac{\partial\rho}{\partial t}+\nabla\cdot(\rho\vec{U}) \tag{2-2}$$

式(2-1)和式(2-2)中,ρ 为密度,t 为时间,$\vec{U}$ 为速度矢量,u、v、w 为流体微元的速度矢量 $\vec{U}$ 在 x、y、z 轴上的分量。

发动机传热和流体流动过程中,都遵守能量守恒定律,守恒方程的数学表达式为

$$\frac{\partial(\rho T)}{\partial t}+\mathrm{div}(\rho UT)=\mathrm{div}\left[\frac{k}{c_p}\cdot\mathrm{grad}(\mathrm{T})\right]-\frac{\partial p}{\partial x}+S_T \tag{2-3}$$

式中,c_p 为比热容;T 为流体的传热系数;S_T 为做功转化量;k 为流体传热系数。

2.3.2 缸内燃烧与排放模型

在发动机燃烧过程中,排放的氮氧化物主要是NO,还有少量的NO_2。在燃烧过程的后半段或排气过程中,少量的NO与O_2反应生成NO_2。NO是通过几个不同的途径生成的,如燃烧缸内空气中的氧气与氮气反应生成NO;缸内空气中的氮气通过两步反应快速生成NO;燃料中的氮氧化物生成燃料型NO。通过Forte仿真出的二维图和三维图可以直观地看出氮氧化物和CO、CO_2的排放。

2.3.3 几何模型

对于柴油发动机,主要物质变化发生在四个冲程中的燃烧冲程,即它的做功冲程,另外三个冲程总的来说不会发生物质变化,所以这里只选择燃烧冲程进行仿真。发动机燃烧通常只模拟从进气阀关闭到排气阀开启的过程,而不是分别模拟涉及进气口和排气口的全进气或排气流过程。这通常是一个合理的近似,因为在注入燃料之前,气缸中的气体是由空气和废气(由于内部残留或废气回收)组成的相对均匀的混合物。根据喷嘴孔的数量,喷油器的喷嘴图案通常会产生周期性的对称性,这是因为喷油嘴位于气缸顶部的正

中间,喷嘴在圆周方向上呈对称分布。本书描述了一个扇区网格,该网格需要加入喷射周期与起始时间。

2.3.4 缸内仿真模型的建立

本研究以一台济柴生产的 4190ZLC-2 型柴油机为仿真模型。发动机总排量为 23.82 L,涡轮增压四缸四冲程。发动机的具体参数如表 2-1 所示。

表 2-1 发动机主要参数

项目名称	技术参数
机型	四冲程、涡轮增压、进气中冷
气缸直径×行程/mm×mm	189.98×119.952
总排量/L	23.82
压缩比	17.979
标定转速/(r/min)	1000
标定扭矩/(N·m)	2100
标定功率/kW	220
额定油耗率/[g/(kW·h)]	206
循环喷油量/(g/循环)	0.39488
平均有效压力/MPa	1.109
连杆长度/mm	409.989
曲柄半径/mm	105.1
喷孔直径/mm	0.301
喷孔数	8
进气门开启/关闭时间	13.5°BTDC/46.5°ABDC
排气门开启/关闭时间	51.5°BBDC/16.5°ATDC

说明: ABDC=下止点以后;ATDC=上止点以后;BBDC=下止点以前;BTDC= 上止点以后。

为了仿真加入不同比例天然气对发动机性能的影响，在仿真计算中只改变了混合气体中天然气的比例，其他参数均无改变。仿真条件：喷油提前角为上止点前 7.5°，总的喷油时间控制在 0.004 s 内，喷油总量定为 0.0535 g，发动机额定转速为 1000 r/min。柴油机喷嘴有 8 个喷孔，且在圆周上均匀分布，因此可以只研究气缸中的一个喷油嘴（即 1/8）来减少运算量。通过 Forte 模拟软件设置所需参数，建立模型，完成研究。柴油发动机通常使用扇形网格方法建模，扇形网格方法仅模拟缸内过程。在尾气成分中选取了 O_2、N_2、CO、CO_2、NO、NO_2和 soot 作为柴油机燃烧产物的代表进行仿真分析。建立的几何模型如图 2-2 所示。

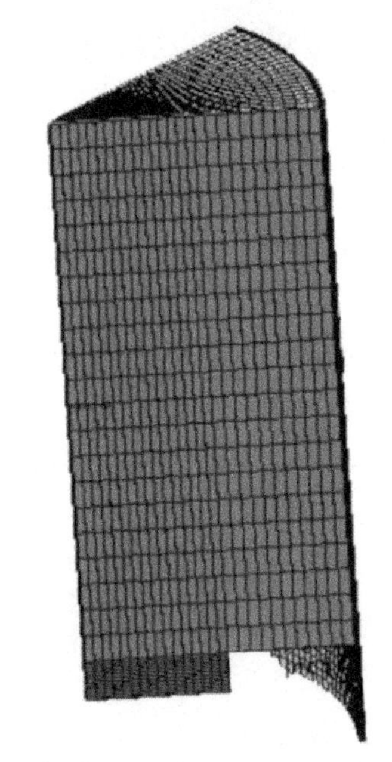

图 2-2　柴油机缸内燃烧仿真模型

2.3.5　小结

仿真输出数据基于曲轴转角上止点前-165°至 125°。由于柴油机气缸内燃油喷射的对称性，8 个喷油嘴在圆周面上是对称分布的，8 个喷油嘴同时工作的效果是一样的，因此只要仿真一个 45°的扇面即可。建立发动机气缸的几何模型，首先确定活塞顶部的形状，然后输入发动机的缸径、冲程、活塞顶部到活塞坏的距离等参数，选择划分网格的合适结构，确定划分网格的控制点，定义在扇形圆周方向的网格数量，最后生成网格，完成发动机的几何建模。模型建立后，在此基础上进行仿真实验，完成纯柴油和掺加不同天然气比例柴油的仿真实验。

2.4　混燃天然气的发动机燃烧及排放特性仿真分析

2.4.1　仿真运行结果的显示

将生成的发动机几何模型导入 Forte Simulate 2019 R2 文件中，在化学物质反应中选择纯柴油的机理文件，然后单击输入物质模型，设置燃料的喷射模型及喷射后的破碎和蒸发模型，设置喷射温度为 368 K，创建喷油器，设置喷油角度和喷嘴位置，使用合适的坐标系来定义喷嘴方向。激活化学求解器，设置它在燃油喷射之后、缸内温度达到 600 K 时进行计算。设置活塞的边界条件，其中活塞的长度、温度及发动机的转速等参照发动机的数值参数。随后进行初始化，设置缸内初始成分的比例、温度和压力等，设置湍流的强度和长度等参数。选择想要得到的输出数据，如污染物的排放情况等。最后运行程序得到仿真结果。

纯柴油仿真结束后，在气缸内初始气体的状态菜单栏下，添加天然气，修改天然气在混合气中所占比例。如图 2-3 所示，在下拉选项中的"Composition"处，单击小铅笔图标，改变天然气在混合气中的比例，然后保存并单击"应用"。

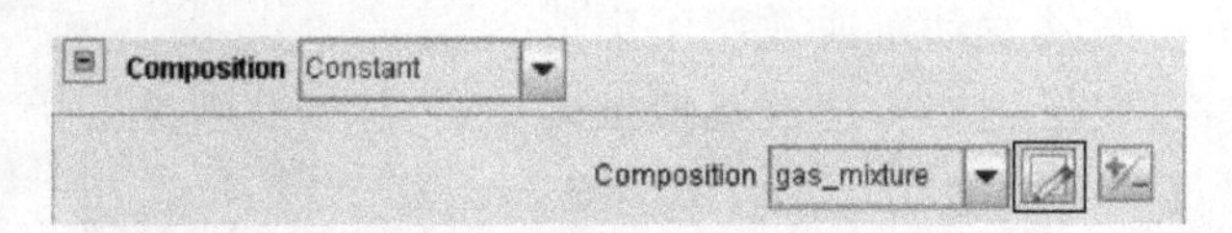

图 2-3　掺加天然气菜单

保存整个工程文件，然后在"我的电脑"上查看自己的电脑有几个逻辑处理器，电脑有 4 个线程就在"MPI Args"表格中填入 4(图 2-4)，表示电脑要用 4 个线程进行仿真计算，选择 4 以下的数字将不能完全利用电脑的性能，选中"Selected"下的方框，最后单击"运行"按钮。此时软件仿真就开始了。

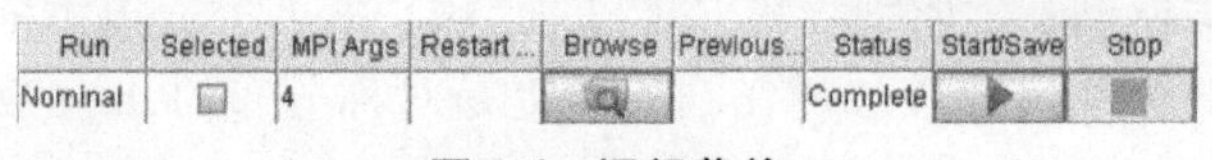

图 2-4　运行菜单

如图 2-5 所示，在"运行"按钮的上方有一个 Monitor Runs 按钮，单击即可观察仿真的运行情况。

图 2-5　监控菜单

另外，还可以在任务管理器的性能窗口观察仿真文件的运行情况，如图 2-6 所示。在单击"运行"按钮后，电脑的 CPU 占用率会瞬间升到 100%，等待几小时后得出仿真结果。当 CPU 占有率大幅度下降时，仿真运行就算结束了。

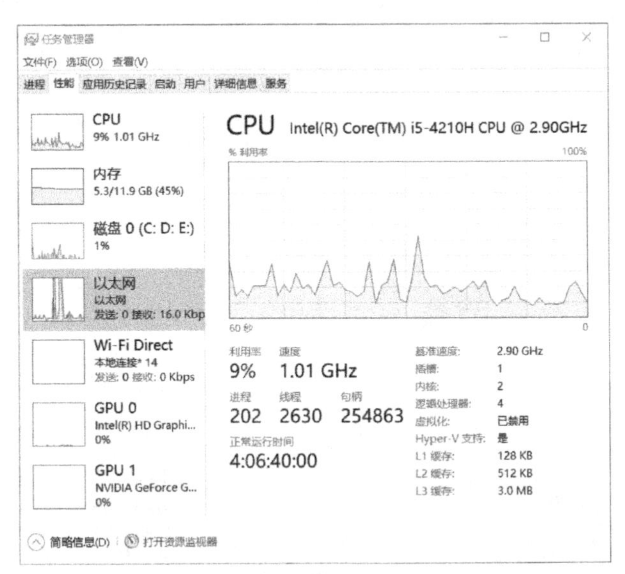

图 2-6　任务管理器界面

2.4.2　仿真分析

仿真运行结束后，在 Forte Visualize 2019 R2 软件中打开仿真出来的 Analysis 文件，掺混不同比例天然气时的仿真运行结果已经得出，选取一些曲线，比如曲轴转角和温度、压力或者污染物排放的关系图，导出相关数据，然后使用绘图软件绘作图形，可以更直观地看出加入不同比例天然气后温度、压力以及各种排放污染物的变化情况。除此之外，还可以查看发动机缸内压力、温度和各种排放污染物的空间分布三维图，更直观地看到随着曲轴转角的变化，缸内压力、温度和排放物分布情况，并进行比较，然后分析柴油机的燃烧和排放过程，得出仿真研究结果。

2.4.3　掺烧天然气对柴油机燃烧和排放特性的影响

图 2-7 是缸内压力随曲轴转角变化曲线，图 2-8 是柴油消耗速率随曲轴转角变化曲线，图 2-9 是缸内温度随曲轴转角变化曲线。从图中可以更直观地观察到，燃烧不同比例的天然气-柴油混合燃料与柴油的缸内压力和缸内温度变化：掺入 2%、3%、4%的天然气对发动机的缸内压力和缸内温度的影响比较明显；掺入天然气比例越高，化学放热越多，缸压和温度的数值上升越明显。

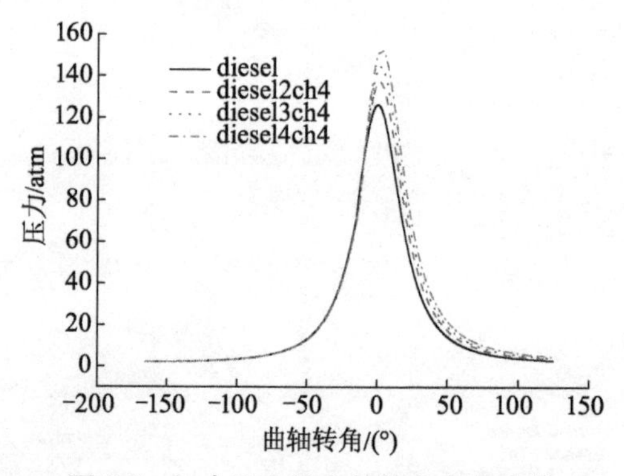

图 2-7　缸内压力随曲轴转角变化曲线

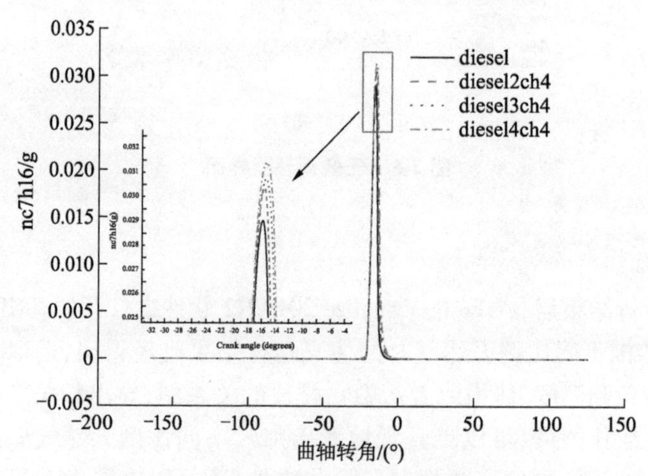

图 2-8　柴油消耗速率随曲轴转角变化曲线

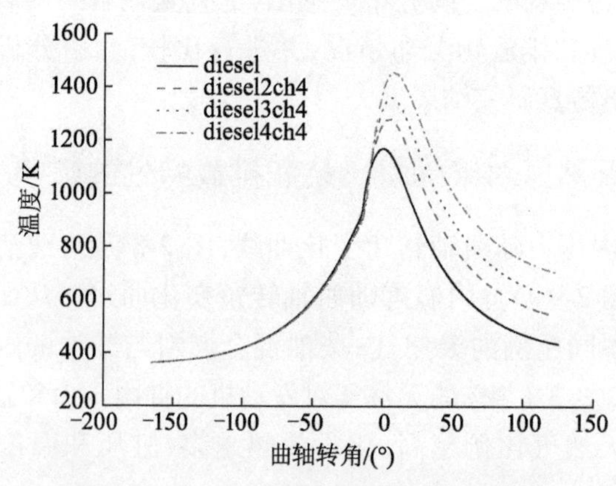

图 2-9　缸内温度随曲轴转角的变化曲线

由图 2-7 至图 2-9 可以看出，在−165°CA 至−9°CA 区间内，柴油与掺杂 2%、3%、4%天然气比例的混合燃料的缸内压力和缸内温度基本重合。在 −9°CA 至150°CA 的区间范围内，随着天然气占比例的不断升高，混合燃料压力和温度的峰值显著升高。

压力和温度在几种不同工况下的峰值见表 2-2。

表 2-2　燃烧不同比例天然气−柴油混合燃料时缸内最大压力和温度

参数	柴油	2%天然气	3%天然气	4%天然气
最大压力/MPa	12.862	14	14.83	15.89
最大温度/K	1175.3	1290	1379.11	1502.51

表 2-3 显示的是柴油与 2%、3%、4%天然气比例的混合燃料燃烧时气缸内的温度空间分布情况。通过这组三维图表可以很直观地看出，天然气的混合比例越高，燃烧扩散的速度越快。

在加入天然气后，缸内废气得到充分燃烧，气缸的局部温度开始上升，颜色越深代表温度越高。由表 2-3 中分布图可知，气缸周围的温度最低，气缸中心喷油嘴附近温度比较高。

表 2-3　燃烧不同比例天然气−柴油混合燃料时汽缸内温度的空间分布情况

曲轴转角/(°)	柴油	2%天然气	3%天然气	4%天然气
−15.01	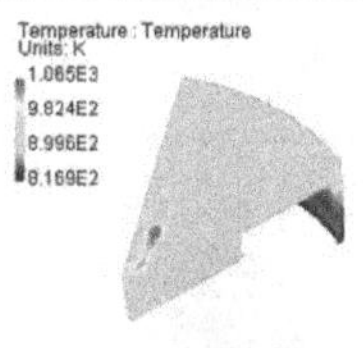	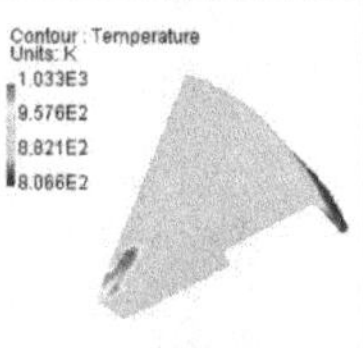	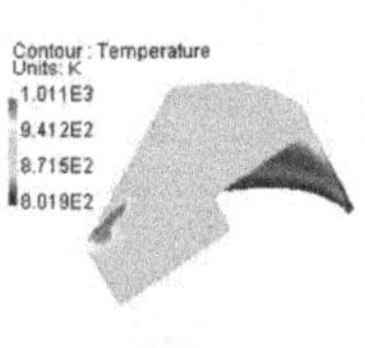	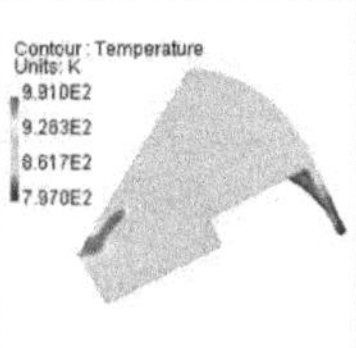
−6.98	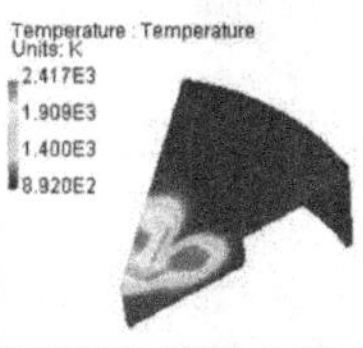	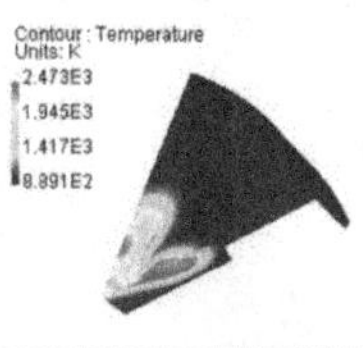	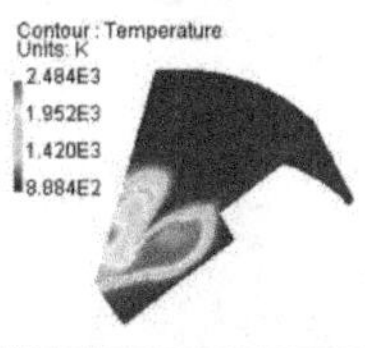	
0.01	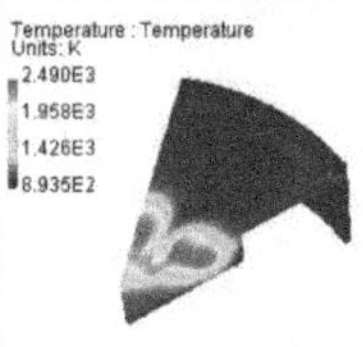	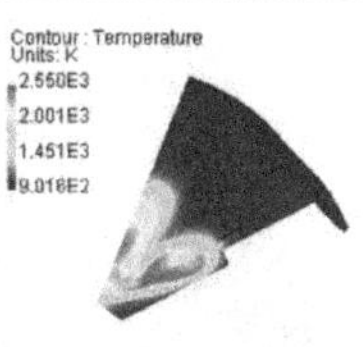	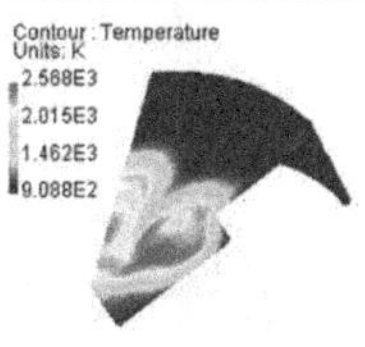	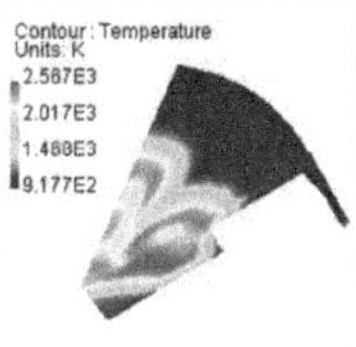

续表

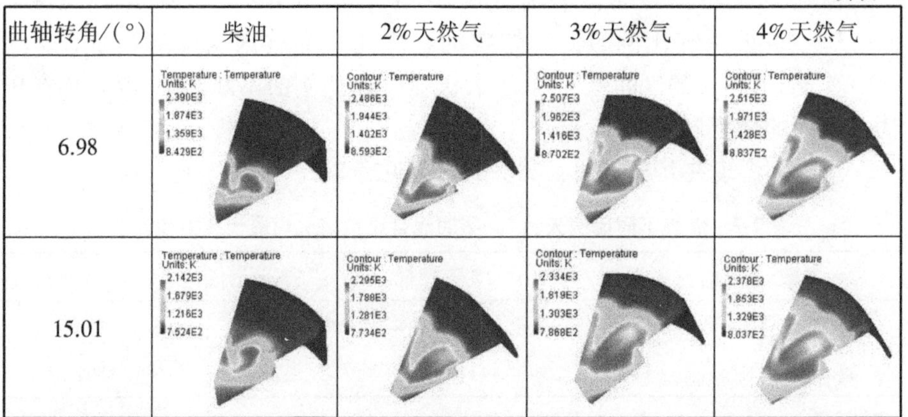

曲轴转角/(°)	柴油	2%天然气	3%天然气	4%天然气
6.98	Temperature : Temperature Units: K 2.390E3 1.874E3 1.359E3 8.429E2	Contour : Temperature Units: K 2.486E3 1.944E3 1.402E3 8.593E2	Contour : Temperature Units: K 2.507E3 1.962E3 1.416E3 8.702E2	Contour : Temperature Units: K 2.515E3 1.971E3 1.428E3 8.837E2
15.01	Temperature : Temperature Units: K 2.142E3 1.679E3 1.216E3 7.524E2	Contour : Temperature Units: K 2.295E3 1.788E3 1.281E3 7.734E2	Contour : Temperature Units: K 2.334E3 1.819E3 1.303E3 7.868E2	Contour : Temperature Units: K 2.378E3 1.853E3 1.329E3 8.037E2

表 2-4 显示的是燃烧不同比例天然气-柴油混合燃料时 O_2 在气缸内的空间分布情况，表 2-5 显示的是燃烧不同比例天然气-柴油混合燃料时 N_2 在气缸内的空间分布情况。

表 2-4　燃烧不同比例天然气-柴油混合燃烧时 O_2 在气缸内的空间分布情况

曲轴转角/(°)	柴油	2%天然气	3%天然气	4%天然气
-15.01	o2 Mass Fractions : o2 Mass Fractions Units: 1.414E-1 1.167E-1 9.196E-2 6.725E-2	o2 Mass Fractions : o2 Mass Fractions Units: 1.399E-1 1.159E-1 9.166E-2 6.752E-2	o2 Mass Fractions : o2 Mass Fractions Units: 1.418E-1 1.179E-1 9.399E-2 7.007E-2	o2 Mass Fractions : o2 Mass Fractions Units: 1.438E-1 1.203E-1 9.684E-2 7.336E-2
-6.98	o2 Mass Fractions : o2 Mass Fractions Units: 1.414E-1 9.426E-2 4.713E-2 2.660E-8	o2 Mass Fractions : o2 Mass Fractions Units: 1.398E-1 9.321E-2 4.661E-2 1.318E-9	o2 Mass Fractions : o2 Mass Fractions Units: 1.418E-1 9.452E-2 4.726E-2 3.266E-10	o2 Mass Fractions : o2 Mass Fractions Units: 1.438E-1 9.587E-2 4.793E-2 2.306E-10
0.01	o2 Mass Fractions : o2 Mass Fractions Units: 1.414E-1 9.426E-2 4.713E-2 1.549E-6	o2 Mass Fractions : o2 Mass Fractions Units: 1.398E-1 9.321E-2 4.660E-2 9.970E-9	o2 Mass Fractions : o2 Mass Fractions Units: 1.418E-1 9.452E-2 4.726E-2 2.068E-9	o2 Mass Fractions : o2 Mass Fractions Units: 1.438E-1 9.586E-2 4.793E-2 9.888E-10
6.98	o2 Mass Fractions : o2 Mass Fractions Units: 1.414E-1 9.429E-2 4.718E-2 7.895E-5	o2 Mass Fractions : o2 Mass Fractions Units: 1.398E-1 9.321E-2 4.660E-2 5.023E-8	o2 Mass Fractions : o2 Mass Fractions Units: 1.418E-1 9.452E-2 4.726E-2 6.700E-9	o2 Mass Fractions : o2 Mass Fractions Units: 1.438E-1 9.586E-2 4.793E-2 1.394E-9

续表

曲轴转角/(°)	柴油	2%天然气	3%天然气	4%天然气
15.01	o2 Mass Fractions : o2 Mass Fractions Units: 1.414E-1 9.687E-2 5.235E-2 7.835E-3	o2 Mass Fractions : o2 Mass Fractions Units: 1.398E-1 9.321E-2 4.660E-2 3.684E-7	o2 Mass Fractions : o2 Mass Fractions Units: 1.418E-1 9.451E-2 4.726E-2 4.719E-8	o2 Mass Fractions : o2 Mass Fractions Units: 1.438E-1 9.586E-2 4.793E-2 6.035E-9

表 2-5　燃烧不同比例天然气-柴油混合燃料时 N_2 在气缸内的空间分布情况

曲轴转角/(°)	柴油	2%天然气	3%天然气	4%天然气
-15.01	n2 Mass Fractions : n2 Mass Fractions Units: 8.586E-1 8.218E-1 7.850E-1 7.482E-1	n2 Mass Fractions : n2 Mass Fractions Units: 8.491E-1 8.120E-1 7.749E-1 7.378E-1	n2 Mass Fractions : n2 Mass Fractions Units: 8.413E-1 8.043E-1 7.674E-1 7.304E-1	n2 Mass Fractions : n2 Mass Fractions Units: 8.335E-1 7.964E-1 7.593E-1 7.223E-1
-6.98	n2 Mass Fractions : n2 Mass Fractions Units: 8.586E-1 8.358E-1 8.130E-1 7.902E-1	n2 Mass Fractions 2: n2 Mass Fractions Units: 8.491E-1 8.268E-1 8.046E-1 7.824E-1	n2 Mass Fractions : n2 Mass Fractions Units: 8.413E-1 8.194E-1 7.975E-1 7.755E-1	n2 Mass Fractions : n2 Mass Fractions Units: 8.333E-1 8.117E-1 7.900E-1 7.684E-1
0.01	n2 Mass Fractions : n2 Mass Fractions Units: 8.586E-1 8.391E-1 8.195E-1 8.000E-1	n2 Mass Fractions 2: n2 Mass Fractions Units: 8.491E-1 8.318E-1 8.145E-1 7.972E-1	n2 Mass Fractions : n2 Mass Fractions Units: 8.413E-1 8.243E-1 8.073E-1 7.903E-1	n2 Mass Fractions : n2 Mass Fractions Units: 8.345E-1 8.174E-1 8.002E-1 7.830E-1
6.98	n2 Mass Fractions : n2 Mass Fractions Units: 8.586E-1 8.410E-1 8.234E-1 8.059E-1	n2 Mass Fractions 2: n2 Mass Fractions Units: 8.491E-1 8.334E-1 8.178E-1 8.021E-1	n2 Mass Fractions : n2 Mass Fractions Units: 8.421E-1 8.274E-1 8.127E-1 7.980E-1	n2 Mass Fractions : n2 Mass Fractions Units: 8.361E-1 8.212E-1 8.062E-1 7.913E-1
15.01	n2 Mass Fractions : n2 Mass Fractions Units: 8.586E-1 8.449E-1 8.311E-1 8.174E-1	n2 Mass Fractions 2: n2 Mass Fractions Units: 8.492E-1 8.341E-1 8.191E-1 8.040E-1	n2 Mass Fractions : n2 Mass Fractions Units: 8.420E-1 8.293E-1 8.166E-1 8.039E-1	n2 Mass Fractions : n2 Mass Fractions Units: 8.361E-1 8.233E-1 8.104E-1 7.976E-1

图 2-10 是 CO 排放量和曲轴转角的变化曲线。图 2-11 显示了柴油消耗情况,通过图形可以更直观的观察燃烧不同比例的天然气-柴油混合燃料与柴油时缸内各种污染物气体的变化。表 2-6 显示的是燃用不同比例天然气-

柴油混合燃料中的 CO 在气缸内的空间分布情况三维图。表 2-7 给出了不同曲轴转角时刻不同天然气比例下的 CO 排放量。

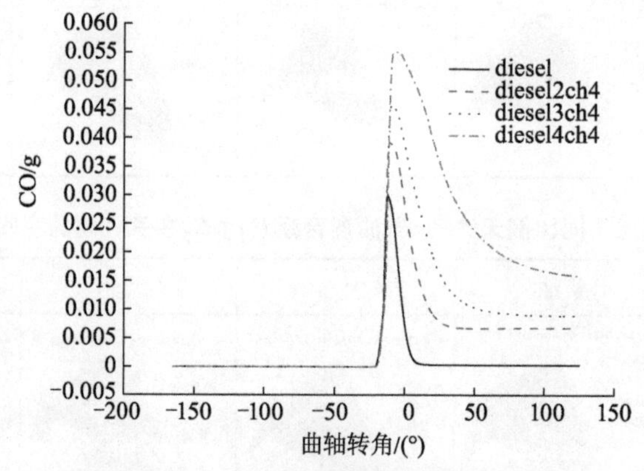

图 2-10　CO 排放量与曲轴转角的变化曲线

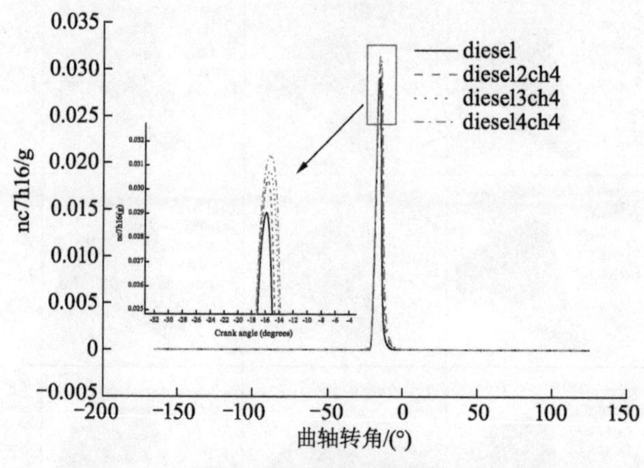

图 2-11　柴油消耗情况

表 2-6　燃烧不同比例天然气-柴油混合燃料产生的 CO 在气缸内的空间分布情况

曲轴转角/(°)	柴油	2%天然气	3%天然气	4%天然气
−15.01	co Mass Fractions : co Mass Fractions Units: 2.690E-2 1.793E-2 8.965E-3 6.974E-15	co Mass Fractions : co Mass Fractions Units: 2.690E-2 1.793E-2 8.967E-3 1.564E-13	co Mass Fractions : co Mass Fractions Units: 2.728E-2 1.818E-2 9.092E-3 1.550E-13	co Mass Fractions : co Mass Fractions Units: 2.732E-2 1.821E-2 9.105E-3 1.417E-13

续表

曲轴转角/(°)	柴油	2%天然气	3%天然气	4%天然气
-6.98	co Mass Fractions : co Mass Fractions Units: 7.140E-2 4.760E-2 2.380E-2 1.476E-11	co Mass Fractions : co Mass Fractions Units: 7.635E-2 5.090E-2 2.545E-2 1.296E-9	co Mass Fractions : co Mass Fractions Units: 7.824E-2 5.216E-2 2.608E-2 1.724E-9	co Mass Fractions : co Mass Fractions Units: 7.916E-2 5.277E-2 2.639E-2 1.959E-9
0.01	co Mass Fractions : co Mass Fractions Units: 5.381E-2 3.587E-2 1.794E-2 1.098E-9	co Mass Fractions : co Mass Fractions Units: 6.551E-2 4.367E-2 2.184E-2 3.462E-8	co Mass Fractions : co Mass Fractions Units: 7.056E-2 4.704E-2 2.352E-2 6.915E-8	co Mass Fractions : co Mass Fractions Units: 7.518E-2 5.012E-2 2.506E-2 1.263E-7
6.98	co Mass Fractions : co Mass Fractions Units: 2.163E-2 1.442E-2 7.211E-3 3.702E-9	co Mass Fractions : co Mass Fractions Units: 5.198E-2 3.465E-2 1.733E-2 1.021E-7	co Mass Fractions : co Mass Fractions Units: 6.084E-2 4.056E-2 2.028E-2 1.935E-7	co Mass Fractions : co Mass Fractions Units: 6.635E-2 4.424E-2 2.212E-2 5.927E-7
15.01	co Mass Fractions : co Mass Fractions Units: 4.229E-4 2.819E-4 1.410E-4 5.239E-9	co Mass Fractions : co Mass Fractions Units: 3.811E-2 2.541E-2 1.270E-2 1.267E-7	co Mass Fractions : co Mass Fractions Units: 4.846E-2 3.230E-2 1.615E-2 7.808E-9	co Mass Fractions : co Mass Fractions Units: 5.616E-2 3.744E-2 1.872E-2 5.161E-8

表 2-7　不同天然气比例下的 CO 排放量

曲轴转角/(°)	柴油 CO 生成量/(g/kgfuel)	2%天然气 CO 生成量/(g/kgfuel)	3%天然气 CO 生成量/(g/kgfuel)	4%天然气 CO 生成量/(g/kgfuel)
-19.98	23.078	0.211	0.015	0.001
-18.99	75.737	7.926	3.257	1.427
-18	99.913	15.970	9.188	6.124
-16.98	132.685	28.678	18.199	13.129
-15.99	155.401	40.013	29.126	21.389
-15	193.044	48.939	35.697	27.833
-14	480.483	88.494	54.822	37.007
-12.98	568.395	173.076	116.818	80.708

续表

曲轴转角/(°)	柴油 CO 生成量/(g/kgfuel)	2%天然气 CO 生成量/(g/kgfuel)	3%天然气 CO 生成量/(g/kgfuel)	4%天然气 CO 生成量/(g/kgfuel)
-11.99	554.247	199.337	156.562	119.552
-11	545.037	200.055	169.470	146.808
-9.98	527.708	197.807	169.559	158.828
-8.99	503.003	196.642	168.751	160.440
-8	467.402	194.359	168.263	160.658
-6.98	426.117	191.275	168.609	161.697
-5.99	381.475	186.611	166.482	162.389
-5	334.220	180.288	164.502	162.784
-3.98	287.608	172.664	160.738	162.448
-2.99	244.514	165.268	157.117	161.575
-2	203.100	157.222	152.812	161.357
-0.98	165.069	148.719	148.614	159.808
0.01	131.549	140.814	144.477	157.993
1	104.429	132.938	140.269	157.339
2.02	80.256	125.235	135.289	156.101
3.01	61.721	118.095	131.733	155.053
4	47.148	110.947	127.863	153.981
5.02	35.363	104.159	124.596	153.375
6.01	27.283	98.299	120.690	152.520
7	21.108	92.825	117.469	150.960
8.02	16.578	87.370	113.984	149.013
9.01	13.323	81.885	110.721	148.553
10	11.209	77.351	107.500	147.526
11.02	9.701	73.018	103.954	145.362
12.01	8.704	69.170	100.441	143.532

图 2-12 是燃烧不同比例天然气-柴油混合燃料时 CO_2生成情况，表 2-8 为其在气缸内的空间分布情况，能直观地看出污染物在气缸内的反应变化。表 2-9 给出了 CO_2 在不同时刻生成量的一些数值。

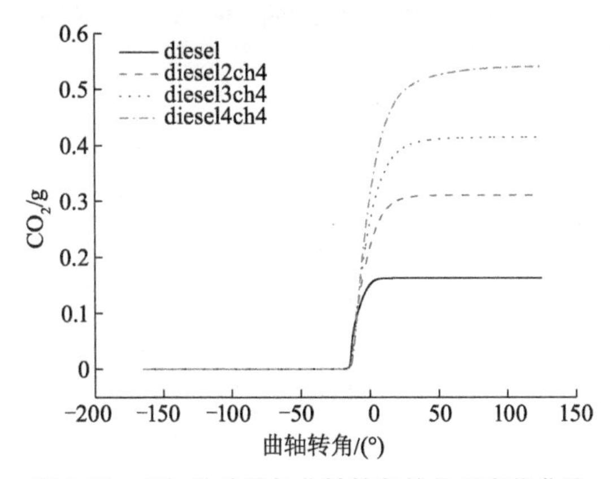

图 2-12　CO_2排放量与曲轴转角的关系变化曲线

表 2-8　燃用不同比例天然气−柴油混合燃料产生的 CO_2在气缸内的空间分布情况

曲轴转角/(°)	柴油	2%天然气	3%天然气	4%天然气
−15.01	co2 Mass Fractions 2: co2 Mass Fractions Units: 1.308E-2 8.721E-3 4.360E-3 1.886E-16	co2 Mass Fractions : co2 Mass Fractions Units: 1.080E-2 7.199E-3 3.599E-3 1.000E-16	co2 Mass Fractions : co2 Mass Fractions Units: 9.346E-3 6.231E-3 3.115E-3 1.305E-16	co2 Mass Fractions : co2 Mass Fractions Units: 8.106E-3 5.404E-3 2.702E-3 1.404E-16
−6.98	co2 Mass Fractions 2: co2 Mass Fractions Units: 1.190E-1 7.937E-2 3.968E-2 6.240E-13	co2 Mass Fractions : co2 Mass Fractions Units: 1.129E-1 7.526E-2 3.763E-2 5.077E-13	co2 Mass Fractions : co2 Mass Fractions Units: 1.054E-1 7.030E-2 3.515E-2 7.805E-13	co2 Mass Fractions : co2 Mass Fractions Units: 1.026E-1 6.837E-2 3.418E-2 1.055E-12
0.01	co2 Mass Fractions 2: co2 Mass Fractions Units: 1.297E-1 8.648E-2 4.324E-2 1.147E-10	co2 Mass Fractions : co2 Mass Fractions Units: 1.194E-1 7.957E-2 3.979E-2 6.473E-11	co2 Mass Fractions : co2 Mass Fractions Units: 1.111E-1 7.408E-2 3.704E-2 1.529E-10	co2 Mass Fractions : co2 Mass Fractions Units: 1.081E-1 7.204E-2 3.602E-2 3.483E-10
6.98	co2 Mass Fractions 2: co2 Mass Fractions Units: 1.290E-1 8.597E-2 4.298E-2 6.855E-10	co2 Mass Fractions : co2 Mass Fractions Units: 1.250E-1 8.335E-2 4.167E-2 8.149E-10	co2 Mass Fractions : co2 Mass Fractions Units: 1.179E-1 7.862E-2 3.931E-2 2.543E-9	co2 Mass Fractions : co2 Mass Fractions Units: 1.126E-1 7.505E-2 3.752E-2 8.350E-9
15.01	co2 Mass Fractions 2: co2 Mass Fractions Units: 1.166E-1 7.772E-2 3.886E-2 1.261E-9	co2 Mass Fractions : co2 Mass Fractions Units: 1.241E-1 8.274E-2 4.137E-2 2.400E-9	co2 Mass Fractions : co2 Mass Fractions Units: 1.218E-1 8.118E-2 4.059E-2 8.656E-9	co2 Mass Fractions : co2 Mass Fractions Units: 1.133E-1 7.551E-2 3.776E-2 3.322E-8

表 2-9 不同天然气比例下的 CO_2 排放量

曲轴转角/(°)	柴油 CO_2 生成量/(g/kgfuel)	2%天然气 CO_2 生成量/(g/kgfuel)	3%天然气 CO_2 生成量/(g/kgfuel)	4%天然气 CO_2 生成量/(g/kgfuel)
-18	0.001	0.000	0.000	0.000
-16.98	0.001	0.001	0.001	0.001
-15.99	0.002	0.002	0.002	0.002
-15	0.004	0.003	0.003	0.003
-14	0.023	0.011	0.008	0.006
-12.98	0.059	0.032	0.027	0.022
-11.99	0.072	0.058	0.048	0.041
-11	0.083	0.079	0.073	0.063
-9.98	0.092	0.098	0.098	0.091
-8.99	0.101	0.114	0.120	0.122
-8	0.109	0.128	0.140	0.151
-6.98	0.117	0.141	0.159	0.177
-5.99	0.123	0.154	0.177	0.202
-5	0.130	0.166	0.193	0.225
-3.98	0.135	0.177	0.210	0.247
-2.99	0.140	0.188	0.225	0.268
-2	0.144	0.198	0.239	0.286
-0.98	0.148	0.209	0.253	0.307
0.01	0.152	0.218	0.266	0.325
1	0.154	0.226	0.278	0.341
2.02	0.156	0.235	0.290	0.358
3.01	0.158	0.242	0.301	0.374
4	0.159	0.249	0.311	0.388
5.02	0.160	0.256	0.320	0.401
6.01	0.161	0.261	0.329	0.413
7	0.162	0.267	0.337	0.426
8.02	0.162	0.272	0.345	0.438
9.01	0.162	0.276	0.351	0.447
10	0.163	0.280	0.358	0.456

图 2-13 显示了燃烧不同比例天然气-柴油混合燃料时的 NO 生成情况，表 2-10 为其在气缸内的空间分布情况，能直观地看出污染物在气缸内的反应变化。表 2-11 给出了 NO 在不同时刻生成量的一些数值。

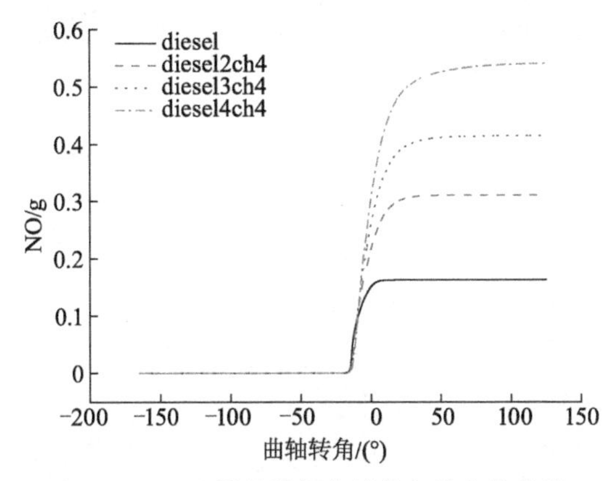

图 2-13　NO 排放量与曲轴转角的变化曲线

表 2-10　燃烧不同比例天然气-柴油混合燃料产生的 NO 在气缸内的空间分布情况

曲轴转角/(°)	柴油	2%天然气	3%天然气	4%天然气
−15.01	no Mass Fractions : no Mass Fractions Units: 2.314E-15 1.543E-15 7.714E-16 7.166E-29	no Mass Fractions : no Mass Fractions Units: 2.413E-18 1.609E-18 8.043E-19 5.358E-33	no Mass Fractions : no Mass Fractions Units: 7.996E-19 5.331E-19 2.665E-19 2.809E-33	no Mass Fractions : no Mass Fractions Units: 2.410E-19 1.606E-19 8.032E-20 1.414E-33
−6.98	no Mass Fractions : no Mass Fractions Units: 5.213E-4 3.475E-4 1.738E-4 2.491E-19	no Mass Fractions : no Mass Fractions Units: 5.312E-4 3.541E-4 1.771E-4 2.182E-22	no Mass Fractions : no Mass Fractions Units: 5.084E-4 3.390E-4 1.695E-4 3.593E-22	no Mass Fractions : no Mass Fractions Units: 4.717E-4 3.145E-4 1.572E-4 5.524E-25
0.01	no Mass Fractions : no Mass Fractions Units: 1.784E-3 1.189E-3 5.946E-4 1.150E-17	no Mass Fractions : no Mass Fractions Units: 1.572E-3 1.048E-3 5.240E-4 5.947E-22	no Mass Fractions : no Mass Fractions Units: 1.465E-3 9.767E-4 4.884E-4 1.630E-21	no Mass Fractions : no Mass Fractions Units: 1.445E-3 9.634E-4 4.817E-4 1.699E-22
6.98	no Mass Fractions : no Mass Fractions Units: 2.131E-3 1.421E-3 7.103E-4 9.470E-17	no Mass Fractions : no Mass Fractions Units: 1.935E-3 1.290E-3 6.450E-4 1.467E-21	no Mass Fractions : no Mass Fractions Units: 1.768E-3 1.178E-3 5.892E-4 2.850E-21	no Mass Fractions : no Mass Fractions Units: 1.813E-3 1.209E-3 6.044E-4 4.162E-21

续表

曲轴转角/(°)	柴油	2%天然气	3%天然气	4%天然气
15.01	no Mass Fractions : no Mass Fractions Units: 1.678E-3 1.119E-3 5.595E-4 1.217E-15	no Mass Fractions : no Mass Fractions Units: 1.948E-3 1.299E-3 6.493E-4 9.557E-22	no Mass Fractions : no Mass Fractions Units: 1.734E-3 1.156E-3 5.781E-4 1.617E-21	no Mass Fractions : no Mass Fractions Units: 1.956E-3 1.304E-3 6.520E-4 2.325E-21

表 2-11 不同天然气比例下的 NO 排放

曲轴转角/(°)	柴油 NO 生成量/(g/kgfuel)	2%天然气 NO 生成量/(g/kgfuel)	3%天然气 NO 生成量/(g/kgfuel)	4%天然气 NO 生成量/(g/kgfuel)
-14	0.007	0.000	0.000	0.000
-12.98	0.103	0.001	0.000	0.000
-11.99	0.282	0.025	0.004	0.000
-11	0.546	0.097	0.045	0.009
-9.98	0.924	0.209	0.142	0.068
-8.99	1.448	0.362	0.289	0.206
-8	2.075	0.554	0.473	0.403
-6.98	2.911	0.812	0.711	0.665
-5.99	3.821	1.109	1.001	0.980
-5	4.822	1.461	1.344	1.354
-3.98	5.928	1.873	1.753	1.806
-2.99	7.065	2.309	2.207	2.300
-2	8.226	2.787	2.704	2.840
-0.98	9.433	3.310	3.245	3.438
0.01	10.564	3.834	3.793	4.046
1	11.602	4.364	4.354	4.654
2.02	12.570	4.897	4.932	5.268
3.01	13.372	5.386	5.469	5.842
4	14.036	5.844	5.972	6.383
5.02	14.569	6.268	6.436	6.888

续表

曲轴转角/(°)	柴油 NO 生成量/(g/kgfuel)	2%天然气 NO 生成量/(g/kgfuel)	3%天然气 NO 生成量/(g/kgfuel)	4%天然气 NO 生成量/(g/kgfuel)
6.01	14.961	6.625	6.839	7.321
7	15.234	6.928	7.190	7.693
8.02	15.416	7.190	7.500	8.018
9.01	15.514	7.396	7.750	8.278
10	15.554	7.553	7.951	8.491

图 2-14 是燃烧不同比例天然气-柴油混合燃料时 NO_2 生成情况，表 2-12 为其在气缸内的空间分布情况。表 2-13 给出了 NO_2 在不同时刻生成量的一些数值。

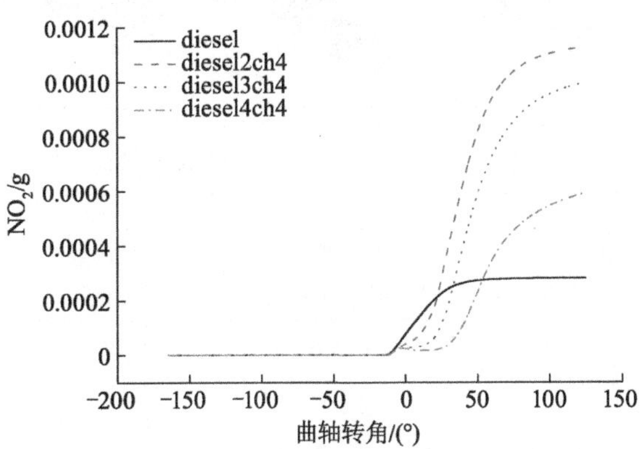

图 2-14　NO_2 排放量与曲轴转角的变化曲线

表 2-12　燃烧不同比例天然气-柴油混合燃料产生的 NO_2 在气缸内的空间分布情况

曲轴转角/(°)	柴油	2%天然气	3%天然气	4%天然气
−15.01	no2 Mass Fractions : no2 Mass Fractions Units: 1.188E-15 7.919E-16 3.960E-16 3.828E-34	no2 Mass Fractions : no2 Mass Fractions Units: 4.277E-17 2.851E-17 1.426E-17 0.000E0	no2 Mass Fractions : no2 Mass Fractions Units: 1.893E-17 1.262E-17 6.310E-18 0.000E0	no2 Mass Fractions : no2 Mass Fractions Units: 6.968E-18 4.646E-18 2.323E-18 0.000E0
−6.98	no2 Mass Fractions : no2 Mass Fractions Units: 2.485E-5 1.656E-5 8.282E-6 4.440E-21	no2 Mass Fractions : no2 Mass Fractions Units: 1.690E-5 1.126E-5 5.632E-6 2.035E-23	no2 Mass Fractions : no2 Mass Fractions Units: 1.873E-5 1.249E-5 6.243E-6 1.211E-23	no2 Mass Fractions : no2 Mass Fractions Units: 2.606E-5 1.737E-5 8.683E-6 1.992E-24

续表

曲轴转角/(°)	柴油	2%天然气	3%天然气	4%天然气
0.01	no2 Mass Fractions : no2 Mass Fractions Units: 5.395E-5 3.597E-5 1.798E-5 6.515E-16	no2 Mass Fractions : no2 Mass Fractions Units: 4.255E-5 2.836E-5 1.418E-5 3.118E-18	no2 Mass Fractions : no2 Mass Fractions Units: 3.424E-5 2.282E-5 1.141E-5 7.043E-18	no2 Mass Fractions : no2 Mass Fractions Units: 3.120E-5 2.080E-5 1.040E-5 2.017E-17
6.98	no2 Mass Fractions : no2 Mass Fractions Units: 6.568E-5 4.379E-5 2.189E-5 4.428E-15	no2 Mass Fractions : no2 Mass Fractions Units: 5.637E-5 3.758E-5 1.879E-5 8.244E-17	no2 Mass Fractions : no2 Mass Fractions Units: 3.123E-5 2.082E-5 1.041E-5 2.048E-16	no2 Mass Fractions : no2 Mass Fractions Units: 1.771E-5 1.181E-5 5.904E-6 6.501E-16
15.01	no2 Mass Fractions : no2 Mass Fractions Units: 9.274E-5 6.183E-5 3.091E-5 7.196E-15	no2 Mass Fractions : no2 Mass Fractions Units: 1.027E-4 6.844E-5 3.422E-5 2.323E-16	no2 Mass Fractions : no2 Mass Fractions Units: 4.013E-5 2.675E-5 1.338E-5 6.059E-16	no2 Mass Fractions : no2 Mass Fractions Units: 9.626E-6 6.418E-6 3.209E-6 1.944E-15

表 2-13 不同天然气比例下的 NO_2 排放

曲轴转角/(°)	柴油 NO_2生成量/(g/kgfuel)	2%天然气 NO_2生成量/(g/kgfuel)	3%天然气 NO_2生成量/(g/kgfuel)	4%天然气 NO_2生成量/(g/kgfuel)
-14	0.001	0.000	0.000	0.000
-12.98	0.017	0.000	0.000	0.000
-11.99	0.051	0.004	0.001	0.000
-11	0.106	0.018	0.008	0.001
-9.98	0.178	0.037	0.026	0.013
-8.99	0.277	0.055	0.045	0.034
-8	0.384	0.075	0.063	0.058
-6.98	0.509	0.093	0.076	0.074
-5.99	0.634	0.111	0.086	0.082
-5	0.772	0.127	0.091	0.087
-3.98	0.907	0.145	0.097	0.091
-2.99	1.048	0.159	0.098	0.091
-2	1.180	0.174	0.102	0.091

续表

曲轴转角/(°)	柴油 NO_2生成量/(g/kgfuel)	2%天然气 NO_2生成量/(g/kgfuel)	3%天然气 NO_2生成量/(g/kgfuel)	4%天然气 NO_2生成量/(g/kgfuel)
-0.98	1.316	0.187	0.105	0.084
0.01	1.448	0.201	0.107	0.078
1	1.571	0.214	0.105	0.076
2.02	1.704	0.226	0.103	0.073
3.01	1.822	0.240	0.105	0.068
4	1.941	0.251	0.106	0.065
5.02	2.061	0.267	0.106	0.062
6.01	2.174	0.284	0.105	0.060
7	2.287	0.303	0.108	0.057
8.02	2.404	0.324	0.110	0.055
9.01	2.520	0.345	0.113	0.055
10	2.636	0.371	0.117	0.054

图 2-15 是仿真获得的 soot 和曲轴转角的变化曲线，由图可以观察燃烧不同比例的天然气-柴油混合燃料和柴油时缸内排放 soot 的变化。

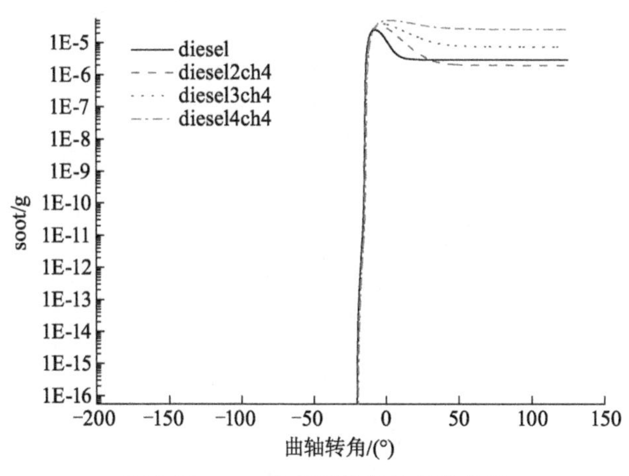

图 2-15　soot 与曲轴转角的变化曲线

2.5 总结

本章主要研究在柴油机中掺烧天然气带来的影响，分析了在掺烧不同比例天然气策略下，柴油机所表现出的燃烧性能和排放污染物的不同，分别建立了柴油与掺杂 2%、3%、4%天然气比例混合燃料的仿真模型，并对它们进行仿真分析。一般来说，天然气的添加可以促进缸内燃料的充分燃烧，提高缸内压力和燃烧温度，但这也与发动机的负载相关，若发动机已经处于较高负载下，燃料燃烧后缸内氧气的含量较低，再加入天然气将会增加发动机的污染排放。

第 3 章　柴油汽油发动机燃烧模拟

3.1　简介

石油是一种非常重要的战略资源。自 1978 年改革开放以来,我国国内生产总值飞速提升。伴随着国家经济的快速发展,人民对于石油的消费迅速增加。中国早在 1983 年就开始进口石油;2004 年进口石油 1.2 亿吨,成为世界第二大石油进口国;2020 年全国约 76.9%的石油依赖进口。相关部门统计数据显示,2019 年上半年,中国拥有汽车约 2.5 亿辆。2020 年,中国石油消耗总量的 57%用于汽车发动机。图3-1 和图 3-2 为近几年我国石油存储量、进口量及增速的相关数据。目前探测显示,我国可提取的石油总量非常小,还不到世界可提取石油总量的 4%。与世界平均水平相比,我国人均可采油量更少,所以现在我国只能大量地从国外进口石油。2012 年,我国对国外石油的依存度已由原来的 31%增长到现在的 57%。到 2030 年,中国石油进口量将超过 80%。石油消费过度依赖进口将严重影响我国经济和社会的发展。研究柴油机的新型燃烧方式就是为了保证国家的能源安全。

与汽油机相比,柴油机在降低燃油消耗、减少 CO_2和未燃 HC 排放等方面具有非常显著的优势。随着国家陆续推出更为严格的汽车排放法规,柴油机技术的发展和进步也越来越明显。柴油机研发下一阶段的目标是在保持较高的燃烧热效率的同时减少 NO_x和 PM 的排放。柴油机的后处理器对于降低污染物排放的效果非常显著。柴油机常用的后处理技术包括选择性催化还原技术、PM 过滤技术、氧化催化技术等。然而,这些复杂的后处理器需要很多昂贵的金属来制造,这无疑大大地提高发动机的制造成本。发动机内燃油的品质也会对后处理器产生影响。通常后处理器结构越复杂,它的控制策略也会相应地变得越复杂,其燃油经济性也就越低。就目前来说,柴油机要想满足未来严格的排放法规要求的关键是通过对柴油机的燃烧过程进行优化，进而达到减少柴油机污染物排放的效果，因此柴油机的新型燃烧方式应该作为一个重要方向进行研究探讨。现已有一些科学家和研究机构对汽油-柴油混合燃料开展了研究。

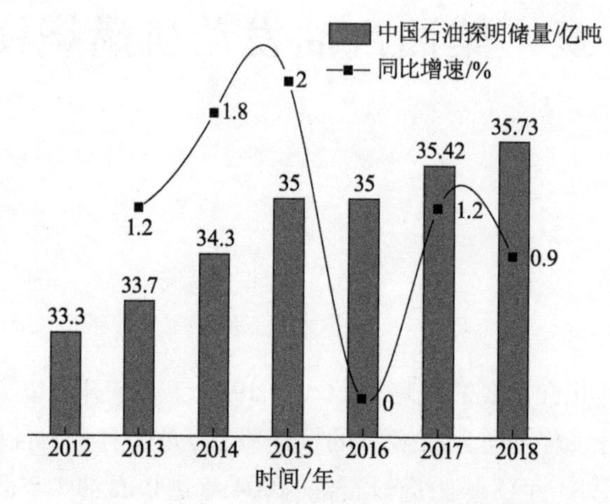

图 3-1　2012—2018 年中国石油储量及增速

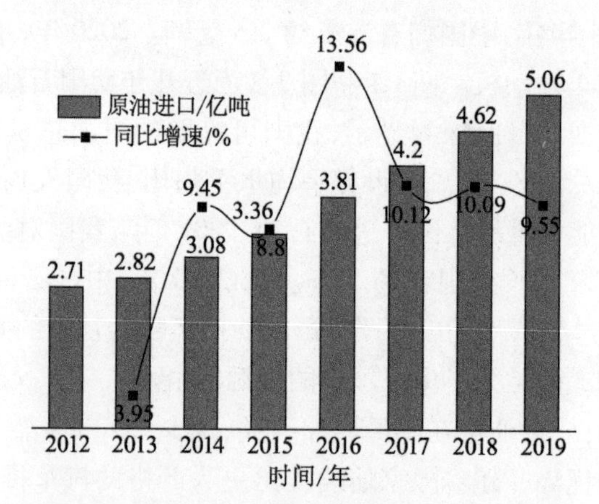

图 3-2　2012—2019 年中国石油进口量及增速

Adam Weall 等使用汽油-柴油混合燃料的四缸轻型柴油发动机开展了相关实验研究。实验结果表明，向柴油中添加一定比例的汽油有助于使混合燃料具有高挥发特性，可以更好地延长燃烧的点火时间，这段延长的点火时间可以使汽缸内的预混合燃烧量进一步增加并降低废气中的碳烟浓度。

Dale Turner 将汽油-柴油混合燃料命名为“dieseline”，并开展相关研究。研究结果显示，汽油-柴油混合燃料可使发动机的失火界限得到拓展，增大发动机燃烧时稳定性的极限值,因而可以采取措施使汽缸内燃烧时的压力峰值降低,最终使发动机污染物排放减少。

Zhang 和 Xu 通过改变发动机的转速和负荷,研究了在不同转速和负荷下,汽油掺混比、EGR 率、喷油正时与喷油量的改变对汽油-柴油混合燃料燃烧的影响。与柴油相比,该混合燃料可以降低压力上升率和放热率的最大值,并延长点火时间,减少颗粒物排放。例如,汽油混合比例为 50%的混合燃料能够减少发动机排放物中 50%~90%的颗粒物排放。

Kweon 等的实验是在小型直喷柴油机上进行的,通过向柴油机内加入不同的混合燃料,研究混合燃料燃烧后的排放特性,利用 Two color thermometry 的方法研究了不同的燃料特性对发动机燃烧和排放的影响。

国内有很多学校和研究院也研究了汽油-柴油混合燃料的燃烧和排放效果。

上海交通大学的黄震、韩东等研究了汽油-柴油混合燃料在低温燃烧时的表现。实验结果显示,与柴油相比,混合燃料在燃烧开始时对于低温燃烧的反应差别不是很大,但高温燃烧时的反应时间明显延迟,具有更长的点火延迟时间,有助于加快油气混合的速度,最终使得燃烧更完全。这时,要想使发动机进行低温燃烧,只需设置较低的 EGR 率即可最终减少 NO_x 和 PM 的排放。

清华大学的王建昕等对 HCII 燃烧方式进行了研究(HCII 是指汽油均质混合柴油引燃),结果显示,HCII 燃烧能够提高汽油机热效率,连续增加汽油-柴油混合燃料中汽油的比例,能够明显延长混合燃料的点火时间,在这段延长的点火时间内可以使汽缸内的预混合燃烧量进一步增加,使燃烧更充分。在进行多次实验后发现,当混合燃料中汽油的比例超过 50%时,发动机的排气烟度趋向于零。

随着我国国民经济水平的不断提高,汽车使用量不断增加,汽车排放所导致的环境污染问题逐渐被人们所重视。大气污染中 CO、NO_x、PM 和 soot 绝大部分都是发动机燃烧产生的排放物。国内环境保护部门统计数据显示,中国城市空气污染中 20%的 CO_2、60%~70%的 CO、70%的 HC 和 40%的 NO_x都来自汽车尾气。近年来,由 PM2.5 引起的雾霾天气频发(图 3-3),也与汽车尾气排放密切相关。因此,为了改善空气环境,使消失已久的蓝色天空重回人们的视野,研究出一种新型的燃料燃烧方式显得非常必要。

图 3-3 雾霾现象

3.2 汽油-柴油混合燃料模型介绍

汽油和柴油是两种物理和化学性质完全不同的燃料。相比于柴油,汽油的优点在于沸点低、挥发性强、辛烷值较高,可以实现更充分地燃烧,但是缺点也很明显,那就是难以点火。柴油具有较高的十六烷值并且易于点燃,但它的缺点也非常明显,那就是不易挥发。

将这两种具有不同的物理和化学性质的燃料混合,可以形成混合燃料。汽油作为混合燃料的一部分,它所具有的沸点低和挥发性强的特点,促进了燃料的蒸发,使燃料和空气更充分地混合,促进了均匀混合物的形成,并减少了排放。相同的,柴油作为混合燃料的另一部分,它所具有的十六烷值高、相比汽油更易点火的特点,可以实现多点压缩点火,显著提高发动机的燃烧热效率和燃油经济性。总的来说,这种混合燃料具有汽油和柴油两者的优点:沸点低、挥发性强、易燃,可减少和改善 soot、CO、CO_2、NO_x等的排放。因此,汽油-柴油混合燃料或许能够完美地结合汽油和柴油两者的优点,并使得汽油与柴油各自的优点得到充分发挥,在降低 NO_x、CO、PM 和 soot 排放,提高燃烧的等容度,改善燃烧热效率方面取得重大进展。倘若这种汽油-柴油混合燃料最终可以大范围的运用在多种不同类型的车辆上,那么开采出来的石油就没有必要再进行汽油和柴油的分馏,这样一方面可以降低石油开采和进口的成本,另一方面可以大大降低石油的损耗,在一定程度上缓解能源危机。

以往的国内外研究显示,汽油-柴油混合燃料中汽油的比例对于发动机的燃烧和排放特性有很大的影响。本次仿真以一台高压共轨、增压中冷柴油机为仿真模型,可以灵活控制燃油喷射的参数。仿真试验以柴油(nc7h16)作为基础燃料，并向柴油中添加不同比例的汽油（IC8H18），构建不同比例的汽油-柴油混合燃料燃烧机理，基于该燃烧机理构建柴油机三维仿真模型，通过设置模型中燃料的 mass fraction composition 来改变混合燃料中的汽油比例，研究这种混合燃料对发动机燃烧和排放特性的影响，最后将仿真得出的二维图、三维图导出并进行分析，比较掺加不同比例汽油后，汽油和柴油双燃料发动机燃烧和排放性能的改善效果。

3.3 三维模型的构建

本次仿真研究使用的是 Ansys 公司的 Forte 软件。Forte 的嵌入式 Chemkin-Pro 求解器技术能在较短时间内及时得到正确的答案，能将更复杂、准确的燃料模型整合到仿真分析中。首先使用扇形网格模拟柴油机，设置参数，生成扇形网络，定义引擎参数，选择网格拓扑，指定网格大小参数，最后生成网格并检查网格。自动网格生成包括网格细化和基于几何的自适应网格细化。然后使用扇形网格模拟柴油机，设置柴油燃烧的参数，如喷射模式、喷雾特性、外界边界、曲柄角度等。随后将汽油-柴油混合燃料加入其中进行软件仿真，得出三维图和二维曲线图，根据图形分析比较掺加不同比例汽油后，汽油和柴油双燃料发动机的燃烧和排放性能的改善效果。Forte 使用结合全面喷射动力学的多组件燃油模型，可以更好地显示碳烟的形成和排放，在碳烟颗粒的大小和数量上不会浪费过多的时间。Forte 的并行性能的提升能够在很大程度上减少发动机工程仿真（包括喷雾、化学和火焰传播物理学）的时间，现在仿真的时间为以往仿真用时的 1/3 以下。

本仿真研究以一台高压共轨、增压中冷柴油机为仿真模型。发动机压缩比为 17.2，四缸四冲程，总排量为 2.771 L。发动机的具体参数见表 3-1。

表 3-1 发动机主要参数

参数	数值/描述
行程/mm	100
缸径/mm	93
进气方式	增压中冷
压缩比	17.2
怠速转速/（r/min）	850
燃油喷射压力/MPa	160

续表

参数	数值/描述
供油形式	高压共轨
总排量/L	2.771
标定功率/kW	80
标定转速/(r/min)	3400
最大转矩/(N·m)	250
最大转矩转速/(r/min)	1800
喷油器孔数、孔径	6 孔、0.124 mm

先用软件制作柴油燃烧机理和汽油-柴油混合燃料燃烧的机理，并将 Chemkin 软件生成的机理文件导入 Forte 软件中，仿真的区间设置为从进气门关闭到排气门打开这段时间。仿真模型中化学反应计算在柴油喷射后缸内温度达到 600 K 时激活，缸盖、缸壁初始温度设置为 470 K 和 420 K。

Forte 软件包含多个仿真燃油喷射动力学的模型，这些模型一般包括喷嘴喷射、燃油雾化、液滴破碎、液滴碰撞和聚结、液滴蒸发、液滴碰壁等喷射发展过程。对于燃料在缸内的喷油雾化和液滴破碎，可以通过 Kelvin-Helmholtz/Rayleigh-Taylor(KH/RT)模型来模拟，通过设定破碎长度来定义 KH 破碎模型，它能把液滴从射流上剥落下来，紧接着利用 RT 模型计算剥落下来的液滴的继续破碎过程。

图 3-4 是发动机扇形网格的划分，包含的网格数量为 17960 个。根据仿真计算中条件的不同，仿真网格数量会发生一定的变化，由于喷嘴有 6 个喷孔，因此该仿真网格只是一个 60°的扇面。

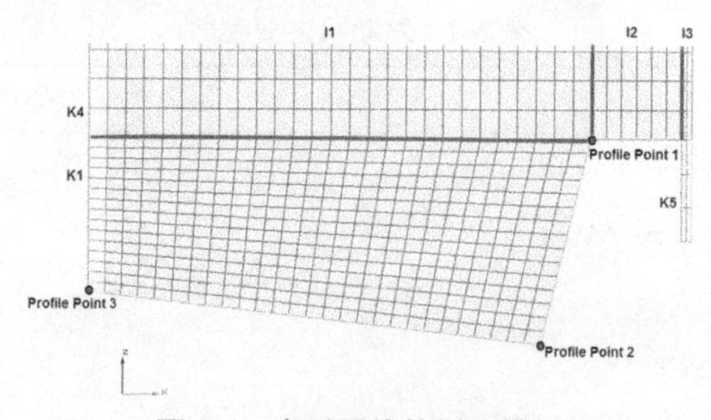

图 3-4 扇形网格的划分模板

为了仿真研究掺加不同比例汽油后汽油-柴油双燃料发动机的燃烧和排放改善效果，在仿真计算中只改变了汽油的比例，其他参数均无改变。仿真条件:发动机的喷油提前角为上止点前-20°,总的喷油量为 30 mg,发动机转速为 1800 r/min。柴油机喷嘴有 6 个喷孔且在圆周上均匀分布,因此可以只研究汽缸的 1/6 以减少运算量。通过 Forte 模拟软件设置必要的参数,建立模型,完成研究。图 3-5 和图 3-6 为发动机缸内燃烧模型的相关图形。

图 3-5　发动机仿真模型

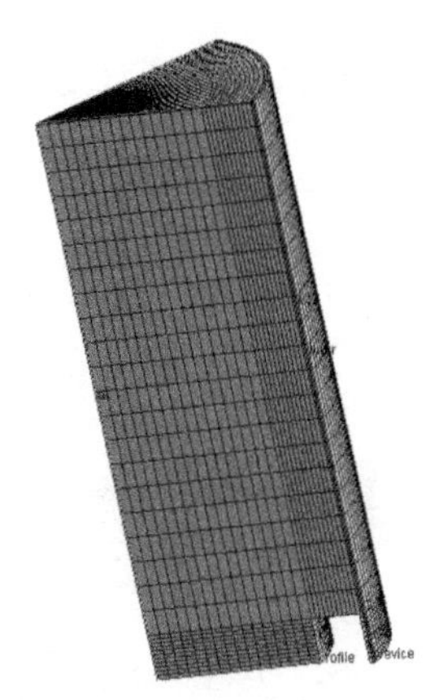

图 3-6　发动机缸内模型的网格划分

柴油机的仿真区间为进气门关闭到排气门开启,所以选择-165°CA 到 125°CA 的范围。由于柴油机汽缸的对称性,可以利用喷嘴的孔数来简化柴油机缸内燃烧的模型,仿真的柴油机为 6 个孔,因此只要仿真一个 60°的扇面即可。建立发动机汽缸的几何模型,首先确定活塞顶部的形状,然后输入发动机的缸径、冲程等参数,选择划分网格的合适结构,确定划分网格的控制点,定义网格的数量,最后生成网格,这样仿真所要用到的发动机几何模型就建立好了。这是仿真内容的基础模型,后续的柴油仿真和加入不同比例汽油的汽油-柴油混合燃料的仿真都以这个模型为基础。

3.4　汽油-柴油混合燃料燃烧和排放特性仿真

将生成的发动机几何模型导入 Forte 软件中,在化学物质反应中选择柴油的机理文件,然后单击输入物质模型,设置燃料的喷射模型,保留“液滴在碰撞时允许蒸发”,创建喷油器,设置喷嘴及其参数。设置煤烟模型、边界条件,其中活塞的长度、温度及发动机的转速等参照发动机的数值参数。随后进行初始化,设置一些成分的摩尔分数、温度和压力等,以及湍流的强度分数和长度尺度等;在仿真控制下,对于仿真结束点设定一些参数,如初始曲柄角度、最终的曲柄角度、仿真时间及排放后的污染气体的选择等。最后选择“运行”按钮。

设定不同的喷油量、喷油持续角、喷油压力、缸内初始温度。初始气压等很多因素都会影响到汽缸内的燃烧情况,为了研究分析并比较掺加不同比例汽油后汽油和柴油双燃料发动机的燃烧及排放的改善效果,在仿真计算中只改变汽油混入柴油的比例,其他参数均不做变动,具体设置如图 3-7 所示。

Species	Physical Properties	Mass Fraction
nc7h16	n-Heptane (nc...	1.0

Species	Physical Properties	Mass Fraction
nc7h16	n-Heptane (nc...	0.9
IC8H18	iso-Octane (ic...	0.1

Species	Physical Properties	Mass Fraction
nc7h16	n-Heptane (nc...	0.8
IC8H18	iso-Octane (ic...	0.2

Species	Physical Properties	Mass Fraction
nc7h16	n-Heptane (nc...	0.7
IC8H18	iso-Octane (ic...	0.3

Species	Physical Properties	Mass Fraction
nc7h16	n-Heptane (nc...	0.6
IC8H18	iso-Octane (ic...	0.4

Species	Physical Properties	Mass Fraction
nc7h16	n-Heptane (nc...	0.5
IC8H18	iso-Octane (ic...	0.5

图 3-7　汽油掺入柴油的几个不同比例

将 Chemkin 软件生成的文件导入 Forte 软件中。接下来对喷油模型进行设计,颗粒的碰撞模型选择根据半径尺寸进行碰撞,碰撞过程中允许液滴蒸发。喷嘴有实心和空心两种不同的模型,本模型中选用“实心”进行模拟。可以在 Composition 处设置不同比例的汽油掺入量,柴油喷入时的温度应高于常温,将值设为 368 K,椎体的角度设置为 15°。喷嘴位置通过柱型坐标定义,输入 R、A 等数值确定喷嘴在柴油机上的具体位置,射流的方向通过球型坐标进行设计,θ 是与 Z 轴正向的夹角,设置完成后确定喷嘴在柴油机的具体位置。喷嘴的尺寸通过面积来设定,设置为 0.000121 cm^2,具体设置如图 3-8 所示。

在 Forte 软件中,根据发动机实际参数设置开始时缸内的初始条件,喷射的起始曲轴转角选在-22.5°,喷射持续 7.75°CA,由于在发动机的三大冲程进气、压缩、排气中,缸内基本没有燃料燃烧,对发动机的性能没有决定性的作用,所以燃烧仿真实验从曲柄在-165°CA 时开始,到曲柄转到 125°CA 时停止。总喷油时间控制在 0.004 s 内,由于选择的柴油机的喷嘴有 6 个喷孔,因此建立的仿真模型是单缸的 1/6,单个喷嘴单次循环的喷油量也是单缸循环喷油量的 1/6,设置为 30 mg,发动机转速设置为 1800 r/min,具体设置如图 3-9 所示。

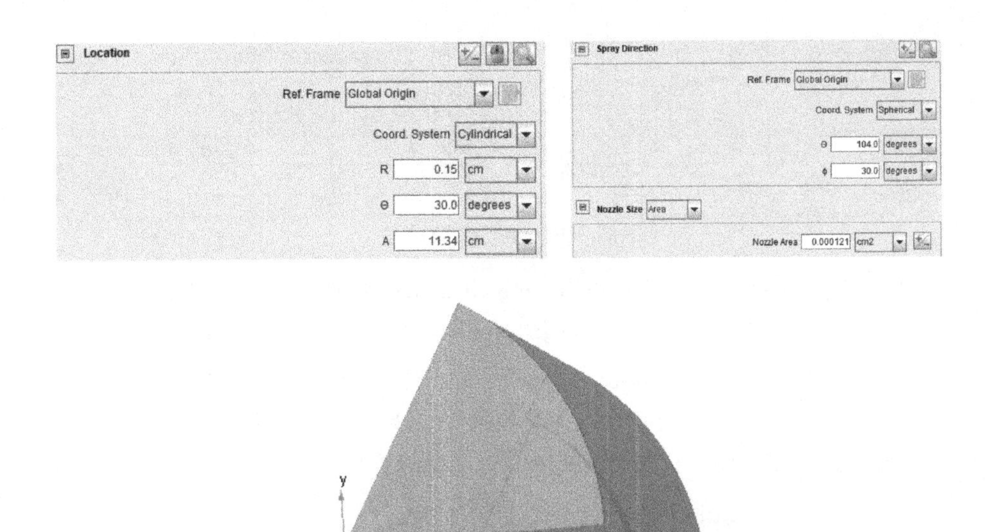

图 3-8　喷油嘴相关参数的设置

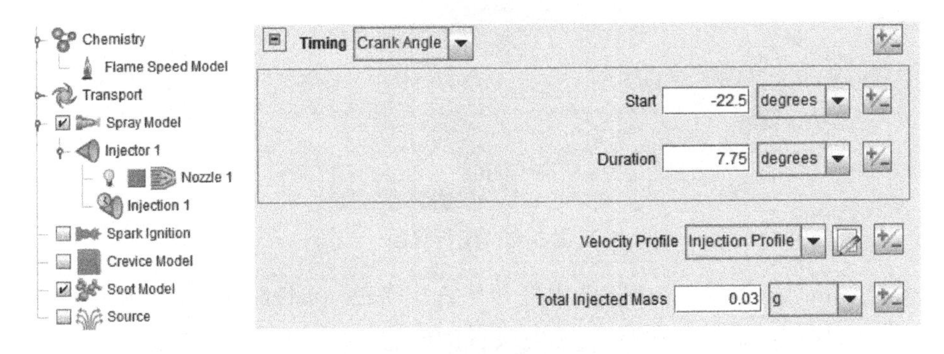

图 3-9　喷油嘴参数设置

本书采用的是发动机的实际运行参数，缸盖、缸壁初始温度分别设置为 470 K 和 420 K，喷射柴油的温度设置为 368.0 K，汽缸底部的温度设置为 420. 0 K。仿真模型中化学反应计算在柴油喷射以后且缸内温度达到 600 K 时激活，空气中的成分大体可分为氧气和氮气，其比例为 0.126：0. 874，空气的温度设置为 362 K，压力设为 2.215 bar，具体设置如图 3-10 所示。

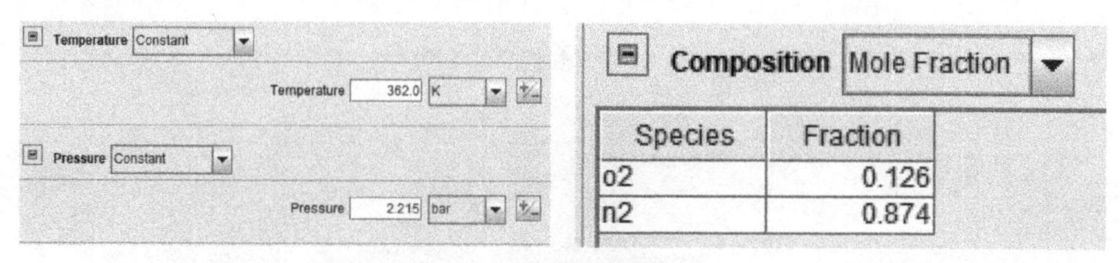

图 3-10 空气参数设置

发动机参数设置完成后，单击“Submit Selected”按钮开始仿真，如图 3-11 所示。在“运行”按钮的上方有一个“Monitor Runs”按钮，单击即可监测仿真的运行情况以及仿真到曲轴转角的哪一度。单击“Submit Selected”运行按钮后，电脑 CPU 的运行功率会达到 100%，等待一段时间（约几十分钟到几个小时，视 CPU 的运算能力而定）即可得出仿真结果。

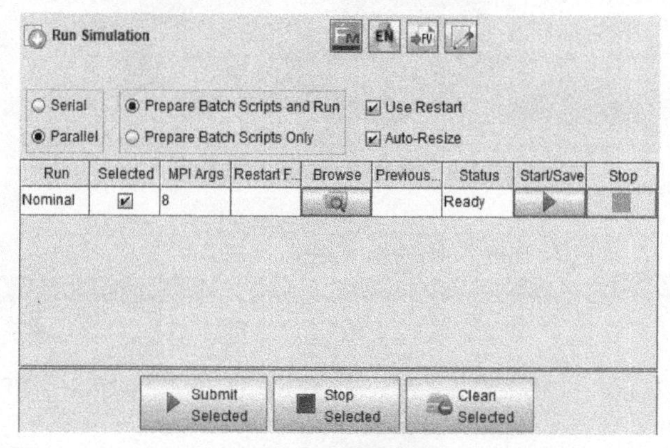

图 3-11 运行界面

仿真结束后，从 Forte 软件中打开仿真出来的 Analysis 文件，选取一些目标曲线，比如曲轴转角和温度、压力或者污染物气体的曲线，查看它们在发动机缸内的空间分布三维图，在各个曲轴转角可以得出不同状态的三维图，将它们输出到表格中进行比较，分析柴油机的燃烧和排放过程。

图 3-12 是缸内压力与曲轴转角的变化曲线，图 3-13 是缸内温度与曲轴转角的变化曲线，图 3-14 是化学热量释放速率曲线，图 3-15 是累积化学热量释放量曲线。由这些图可以看出，掺入 10%、20%、30%、40%的汽油比例对发动机的缸内压力和缸内温度的影响并不大；在掺烧 50% 比例的汽油时，缸内压力和缸内温度的峰值出现了大幅度的后移，并且它们的峰值相比其他浓度时有所下降。

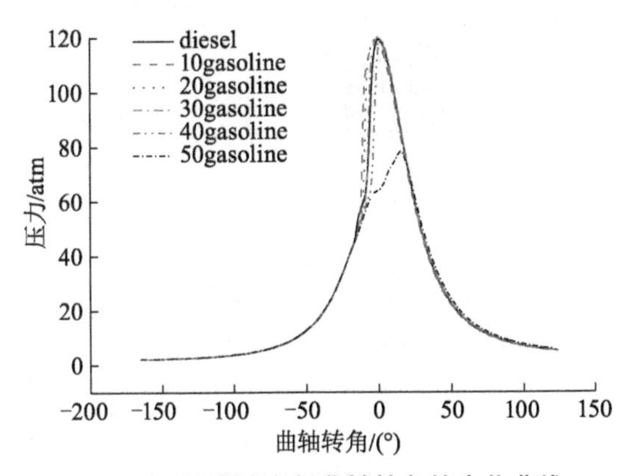

图 3-12　缸内压力与曲轴转角的变化曲线

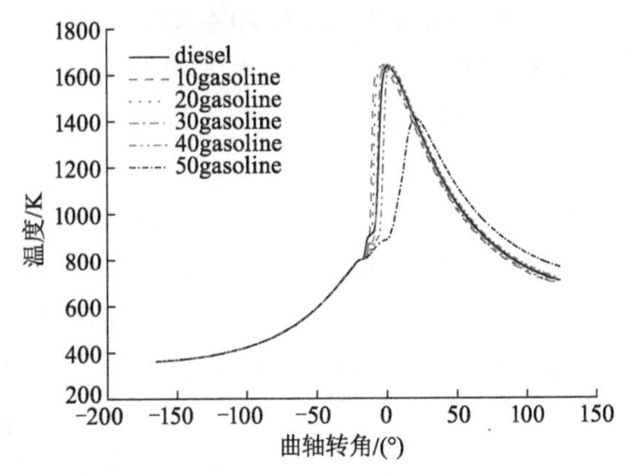

图 3-13　缸内温度与曲轴转角的变化曲线

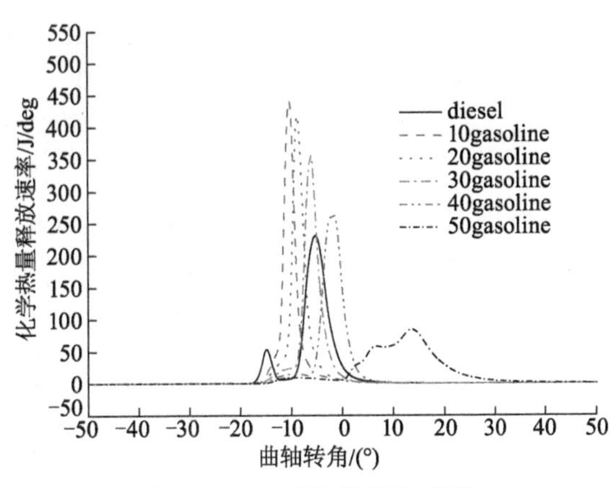

图 3-14　化学热量释放速率

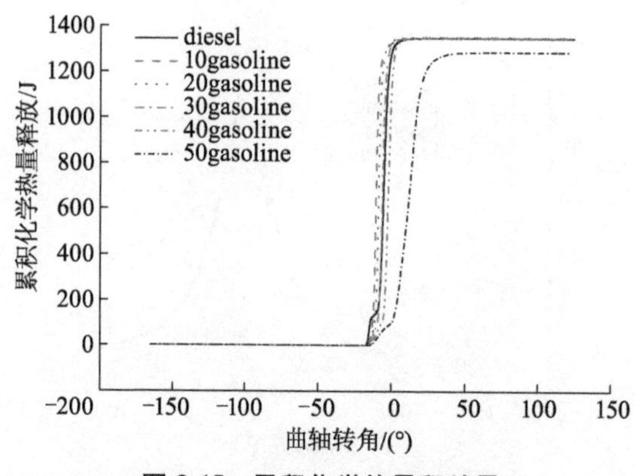

图 3-15　累积化学热量释放量

由图 3-12 和图 3-13 可以看出，掺入 10%、20%、30%、40%汽油比例的汽油-柴油混合燃料的缸内压力和缸内温度曲线基本重合，这表明掺烧 10%、20%、30%、40%这样的低比例汽油对缸内压力和缸内温度几乎没有影响。

从图 3-14 可以看出，随着掺烧的汽油比例的不断升高，混合燃料的滞燃期会逐渐延长，燃烧起始点大幅度后移，特别是当汽油混合比达到 50%时。由于汽油具有高度挥发性，更容易蒸发，蒸发过程中吸收了大量的热量，降低了汽缸内的温度，从而使燃料的滞燃期延长。当掺烧的汽油比例达到 40%以上时，缸内压力和缸内温度峰值相比其他浓度均有所下降。这是因为如果不改变发动机的喷射参数，混合燃料中汽油的比例越高，滞燃期越长，燃烧时刻越会向后推迟，燃料没有集中在活塞的上止点燃烧放热，反而是往下聚集在活塞的下部，缸内压力和缸内温度的峰值出现了大幅度的后移，并且它们的峰值相比其他浓度时有所下降，所以 50%汽油比例的汽油-柴油混合燃料缸内压力和缸内温度曲线明显与掺入 10%、20%、30%、40%汽油比例时不同。

表 3-2 显示的是燃烧不同比例汽油-柴油混合燃料时气缸内的温度的空间分布情况，可以看出不同汽油比例的汽油-柴油混合燃料在相同的曲轴转角时温度分布不同，加入不同比例汽油后开始喷油的曲轴转角不同，掺入 10%汽油比例的混合燃料温度上升较快，掺入 50%汽油比例的温度上升较慢。

表 3-2　燃烧不同比例汽油-柴油混合燃料时汽缸内温度的空间分布情况

曲轴转角/(°)	0%汽油	10%汽油	20%汽油
−15	Contour: Temperature Units: K 9.624E2 8.922E2 8.221E2 7.520E2	Contour: Temperature Units: K 8.449E2 7.993E2 7.536E2 7.080E2	Contour: Temperature Units: K 8.452E2 7.997E2 7.541E2 7.086E2
−7	Contour: Temperature Units: K 2.202E3 1.739E3 1.275E3 8.117E2	Contour: Temperature Units: K 2.263E3 1.803E3 1.344E3 8.843E2	Contour: Temperature Units: K 2.312E3 1.836E3 1.360E3 8.833E2
0	Contour: Temperature Units: K 2.279E3 1.810E3 1.342E3 8.732E2	Contour: Temperature Units: K 2.149E3 1.721E3 1.292E3 8.631E2	Contour: Temperature Units: K 2.217E3 1.767E3 1.317E3 8.671E2
10	Contour: Temperature Units: K 2.194E3 1.734E3 1.274E3 8.140E2	Contour: Temperature Units: K 2.001E3 1.615E3 1.228E3 8.422E2	Contour: Temperature Units: K 2.097E3 1.680E3 1.264E3 8.478E2
17	Contour: Temperature Units: K 1.970E3 1.561E3 1.153E3 7.450E2	Contour: Temperature Units: K 1.852E3 1.521E3 1.190E3 8.580E2	Contour: Temperature Units: K 1.882E3 1.555E3 1.228E3 9.011E2

续表

曲轴转角/(°)	30%汽油	40%汽油	50%汽油
−15	Contour : Temperature Units: K 8.430E2 7.972E2 7.514E2 7.056E2	Temperature : Temperature Units: K 8.423E2 7.932E2 7.441E2 6.949E2	Contour : Temperature Units: K 8.420E2 7.843E2 7.466E2 6.988E2
−7	Contour : Temperature Units: K 2.268E3 1.792E3 1.315E3 8.394E2	Temperature : Temperature Units: K 1.013E3 9.194E2 8.256E2 7.317E2	Contour : Temperature Units: K 9.075E2 8.437E2 7.799E2 7.160E2
0	Contour : Temperature Units: K 2.302E3 1.825E3 1.348E3 8.706E2	Temperature : Temperature Units: K 2.354E3 1.861E3 1.367E3 8.735E2	Contour : Temperature Units: K 2.302E3 1.825E3 1.348E3 8.706E2
10	Contour : Temperature Units: K 2.111E3 1.689E3 1.267E3 8.454E2	Temperature : Temperature Units: K 2.180E3 1.727E3 1.275E3 8.225E2	Contour : Temperature Units: K 2.226E3 1.738E3 1.250E3 7.620E2
17	Contour : Temperature Units: K 1.927E3 1.577E3 1.228E3 8.784E2	Temperature : Temperature Units: K 1.982E3 1.572E3 1.163E3 7.536E2	Contour : Temperature Units: K 2.024E3 1.589E3 1.155E3 7.206E2

由表 3-2 可见,几种掺混比例的燃料的预燃烧时间段大多位于−15°CA 到 0°CA。在该段燃烧过程中,燃料被混合,混合到空气介质中的汽油比例对预混物燃烧过程影响很小。随着喷射时间继续,燃烧时间逐渐延长,这时汽缸内的燃烧过程开始改变,从原来的预混合燃烧转变为扩散燃烧。此时,与柴油的燃烧相比,随着混合燃料中汽油比例的增加,汽缸内的压力和温度曲线呈显著上升趋势。由于随着掺烧的汽油比例的增加,双燃料各自的优点得到

了更好的综合，极大地改善了总体挥发性，成功地提升了混合燃料和空气的混合效果，大大降低十六烷值可延长滞燃期，因此汽缸中会形成更多易燃混合物。这些易燃混合物的快速放热改善了发动机的热效率，改善了柴油发动机的燃烧汽油掺烧比例下混合。表 3-3 为不同燃料燃烧时缸内压力和缸内温度峰值。

表 3-3　不同汽油掺烧比例下混合燃料燃烧时缸内压力和缸内温度峰值

燃料种类	0%汽油	10%汽油	20%汽油	30%汽油	40%汽油	50%汽油
温度/K	1647.97	1625.65	1647.56	1654.99	1650.99	1550.69
压力/atm	120.33	118.36	119.83	120.72	120.16	80.90

表 3-4 对为燃烧不同比例汽油-柴油混合燃料时 O_2 在汽缸中的空间分布情况。O_2 的浓度能反映出燃料的燃烧情况，氧气的浓度变化快，说明气缸内的燃料燃烧速度快。高挥发性的汽油可以使缸内燃烧更充分，发动机缸内燃烧越充分，燃烧结束后的 CO、CO_2、NO、NO_2 等污染物气体和碳烟越少，这将大大地改善发动机的燃烧性能，使大气污染问题得到有效的控制，为保护环境提供保证。

表 3-4　燃烧不同比例汽油-柴油混合燃料时 O_2 在汽缸中的空间分布情况

曲轴转角/(°)	0%汽油	10%汽油	20%汽油
−15	o2 Mass Fractions 2: o2 Mass Fractions Units: 1.414E-1 1.274E-1 1.134E-1 9.937E-2	o2 Mass Fractions : o2 Mass Fractions Units: 1.414E-1 1.356E-1 1.299E-1 1.241E-1	o2 Mass Fractions : o2 Mass Fractions Units: 1.414E-1 1.360E-1 1.305E-1 1.251E-1
−7	o2 Mass Fractions 2: o2 Mass Fractions Units: 1.414E-1 9.429E-2 4.715E-2 1.336E-8	o2 Mass Fractions : o2 Mass Fractions Units: 1.414E-1 9.426E-2 4.713E-2 5.962E-10	o2 Mass Fractions : o2 Mass Fractions Units: 1.414E-1 9.426E-2 4.713E-2 3.452E-9
0	o2 Mass Fractions 2: o2 Mass Fractions Units: 1.414E-1 9.428E-2 4.714E-2 3.730E-6	o2 Mass Fractions : o2 Mass Fractions Units: 1.413E-1 9.410E-2 4.705E-2 3.737E-9	o2 Mass Fractions : o2 Mass Fractions Units: 1.413E-1 9.419E-2 4.709E-2 7.843E-8

续表

曲轴转角/(°)	0%汽油	10%汽油	20%汽油
10	o2 Mass Fractions 2: o2 Mass Fractions Units: 1.414E-1 9.437E-2 4.734E-2 3.234E-4	o2 Mass Fractions : o2 Mass Fractions Units: 1.356E-1 9.039E-2 4.520E-2 9.584E-7	o2 Mass Fractions : o2 Mass Fractions Units: 1.381E-1 9.206E-2 4.606E-2 6.375E-5
17	o2 Mass Fractions 2: o2 Mass Fractions Units: 1.409E-1 9.473E-2 4.853E-2 2.342E-3	o2 Mass Fractions : o2 Mass Fractions Units: 1.278E-1 8.522E-2 4.263E-2 4.467E-5	o2 Mass Fractions : o2 Mass Fractions Units: 1.352E-1 9.021E-2 4.522E-2 2.179E-4
曲轴转角/(°)	30%汽油	40%汽油	50%汽油
-15	o2 Mass Fractions : o2 Mass Fractions Units: 1.414E-1 1.364E-1 1.313E-1 1.263E-1	o2 Mass Fractions : o2 Mass Fractions Units: 1.414E-1 1.364E-1 1.314E-1 1.264E-1	o2 Mass Fractions : o2 Mass Fractions Units: 1.414E-1 1.367E-1 1.319E-1 1.272E-1
-7	o2 Mass Fractions : o2 Mass Fractions Units: 1.414E-1 9.426E-2 4.713E-2 9.033E-8	o2 Mass Fractions : o2 Mass Fractions Units: 1.414E-1 1.261E-1 1.109E-1 9.559E-2	o2 Mass Fractions : o2 Mass Fractions Units: 1.414E-1 1.316E-1 1.217E-1 1.118E-1
0	o2 Mass Fractions : o2 Mass Fractions Units: 1.413E-1 9.418E-2 4.709E-2 9.063E-7	o2 Mass Fractions : o2 Mass Fractions Units: 1.414E-1 9.424E-2 4.712E-2 3.050E-7	o2 Mass Fractions : o2 Mass Fractions Units: 1.414E-1 9.544E-2 4.949E-2 3.551E-3
10	o2 Mass Fractions : o2 Mass Fractions Units: 1.376E-1 9.176E-2 4.593E-2 1.108E-4	o2 Mass Fractions : o2 Mass Fractions Units: 1.413E-1 9.439E-2 4.745E-2 5.076E-4	o2 Mass Fractions : o2 Mass Fractions Units: 1.413E-1 9.426E-2 4.718E-2 9.935E-5
17	o2 Mass Fractions : o2 Mass Fractions Units: 1.356E-1 9.111E-2 4.663E-2 2.160E-3	o2 Mass Fractions : o2 Mass Fractions Units: 1.413E-1 9.492E-2 4.856E-2 2.202E-3	o2 Mass Fractions : o2 Mass Fractions Units: 1.413E-1 9.554E-2 4.980E-2 4.068E-3

由表 3-4 可见，随着汽油-柴油混合燃料中汽油比例的不断增大，缸内的燃烧将会提前，缸内燃烧时间开始滞后。掺烧 10%、20% 的汽油时，缸内燃烧的放热时间较柴油有一定提前；掺烧 30% 的汽油时，放热时间与柴油基本一致；掺烧 40% 的汽油时，放热时间有一点滞后；而掺烧 50% 的汽油时，放热时间大幅落后于柴油工况。掺入 10%、20%、30%、40%汽油比例的汽油-柴油混合燃料的缸内压力和缸内温度曲线基本重合，这表明掺烧 10%、20%、30% 和 40% 这样的低比例汽油对缸内压力和缸内温度几乎没有影响。随着掺烧的汽油比例的不断升高，混合燃料的滞燃期会逐渐延长，燃烧起始点大幅度后移，特别是当汽油混合比达到 50%时，燃烧反应放热的强度已经大幅减弱。

图 3-16 是仿真获得的 CO 和曲轴转角的变化曲线，图 3-17 是 CO_2 和曲轴转角的变化曲线。表 3-5 为燃烧不同比例汽油-柴油混合燃料产生 CO 在汽缸中的空间分布情况，表 3-6 为燃烧不同比例汽油-柴油混合燃料产生 CO_2 在汽缸中的空间分布情况。

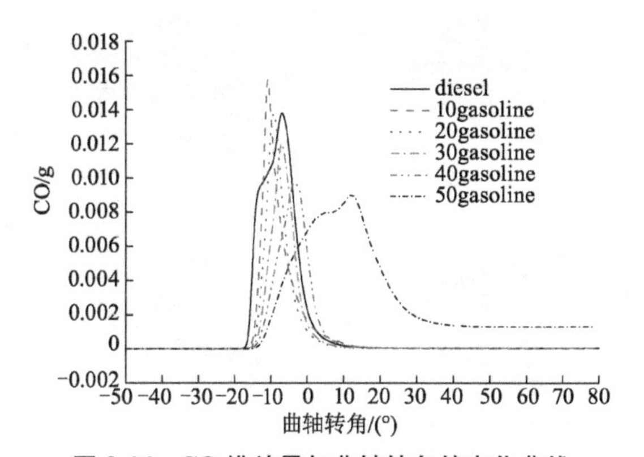

图 3-16　CO 排放量与曲轴转角的变化曲线

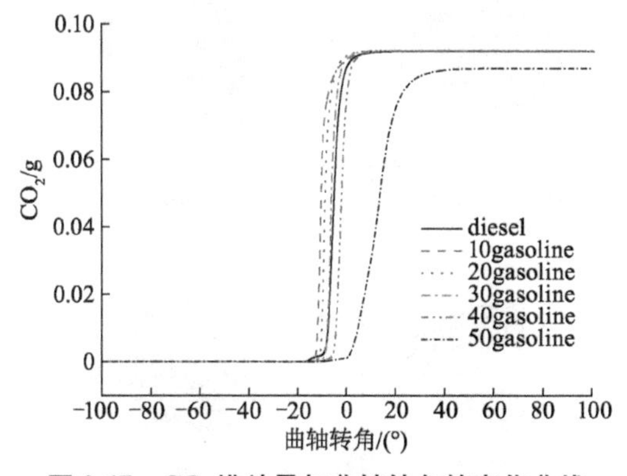

图 3-17　CO_2 排放量与曲轴转角的变化曲线

表 3-5　燃烧不同比例汽油–柴油混合燃料产生的 CO 在气缸中的空间分布情况

曲轴转角/(°)	0%汽油	10%汽油	20%汽油
−15	co Mass Fractions : co Mass Fractions Units: 1.807E-2 1.204E-2 6.022E-3 5.613E-13	co Mass Fractions : co Mass Fractions Units: 1.095E-3 7.301E-4 3.650E-4 5.766E-14	co Mass Fractions : co Mass Fractions Units: 5.731E-4 3.821E-4 1.910E-4 3.801E-13
−7	co Mass Fractions : co Mass Fractions Units: 5.263E-2 3.509E-2 1.754E-2 4.689E-7	co Mass Fractions : co Mass Fractions Units: 6.867E-2 4.578E-2 2.289E-2 7.324E-8	co Mass Fractions : co Mass Fractions Units: 6.204E-2 4.136E-2 2.068E-2 1.563E-7
0	co Mass Fractions : co Mass Fractions Units: 3.401E-2 2.267E-2 1.134E-2 1.937E-7	co Mass Fractions : co Mass Fractions Units: 4.040E-2 2.694E-2 1.347E-2 7.251E-8	co Mass Fractions : co Mass Fractions Units: 3.996E-2 2.664E-2 1.332E-2 1.147E-8
10	co Mass Fractions : co Mass Fractions Units: 3.979E-3 2.653E-3 1.326E-3 1.436E-7	co Mass Fractions : co Mass Fractions Units: 2.884E-2 1.922E-2 9.612E-3 1.989E-8	co Mass Fractions : co Mass Fractions Units: 1.093E-3 7.284E-4 3.642E-4 1.416E-9
17	co Mass Fractions : co Mass Fractions Units: 5.393E-5 3.595E-5 1.798E-5 3.219E-16	co Mass Fractions : co Mass Fractions Units: 8.472E-3 5.648E-3 2.824E-3 6.186E-9	co Mass Fractions : co Mass Fractions Units: 5.944E-4 3.963E-4 1.981E-4 2.563E-9
曲轴转角/(°)	30%汽油	40%汽油	50%汽油
−15	co Mass Fractions : co Mass Fractions Units: 2.585E-4 1.723E-4 8.617E-5 1.929E-13	co Mass Fractions : co Mass Fractions Units: 1.058E-4 7.050E-5 3.525E-5 1.679E-14	co Mass Fractions : co Mass Fractions Units: 2.311E-5 1.541E-5 7.705E-6 6.008E-15

续表

曲轴转角/(°)	30%汽油	40%汽油	50%汽油
−7	co Mass Fractions : co Mass Fractions Units: 6.144E-2 4.096E-2 2.048E-2 1.700E-6	co Mass Fractions : co Mass Fractions Units: 1.965E-2 1.310E-2 6.549E-3 3.726E-7	co Mass Fractions : co Mass Fractions Units: 1.011E-2 6.737E-3 3.369E-3 2.109E-7
0	co Mass Fractions : co Mass Fractions Units: 2.643E-2 1.762E-2 8.810E-3 9.713E-8	co Mass Fractions : co Mass Fractions Units: 3.306E-2 2.204E-2 1.102E-2 5.899E-7	co Mass Fractions : co Mass Fractions Units: 3.386E-2 2.257E-2 1.129E-2 4.183E-6
10	co Mass Fractions : co Mass Fractions Units: 2.448E-3 1.632E-3 8.159E-4 5.683E-9	co Mass Fractions : co Mass Fractions Units: 6.522E-3 4.348E-3 2.174E-3 4.210E-9	co Mass Fractions : co Mass Fractions Units: 2.148E-2 1.432E-2 7.159E-3 1.582E-7
17	co Mass Fractions : co Mass Fractions Units: 1.258E-3 8.385E-4 4.192E-4 3.239E-9	co Mass Fractions : co Mass Fractions Units: 4.312E-3 2.875E-3 1.437E-3 2.133E-9	co Mass Fractions : co Mass Fractions Units: 2.214E-2 1.476E-2 7.381E-3 1.362E-9

表 3-6　不燃烧同比例汽油−柴油混合燃料产生的 CO_2 在气缸中的空间分布情况

曲轴转角/(°)	0%汽油	10%汽油	20%汽油
−15	co2 Mass Fractions : co2 Mass Fractions Units: 2.138E-3 1.426E-3 7.128E-4 4.639E-15	co2 Mass Fractions : co2 Mass Fractions Units: 1.931E-5 1.288E-5 6.438E-6 6.182E-17	co2 Mass Fractions : co2 Mass Fractions Units: 8.127E-6 5.418E-6 2.709E-6 8.633E-17
−7	co2 Mass Fractions : co2 Mass Fractions Units: 1.143E-1 7.621E-2 3.811E-2 2.558E-8	co2 Mass Fractions : co2 Mass Fractions Units: 1.376E-1 9.175E-2 4.588E-2 2.875E-7	co2 Mass Fractions : co2 Mass Fractions Units: 1.323E-1 8.818E-2 4.409E-2 1.925E-7

续表

曲轴转角/(°)	0%汽油	10%汽油	20%汽油
0	co2 Mass Fractions : co2 Mass Fractions Units: 1.294E-1 8.624E-2 4.312E-2 6.712E-7	co2 Mass Fractions : co2 Mass Fractions Units: 1.441E-1 9.608E-2 4.810E-2 1.121E-4	co2 Mass Fractions : co2 Mass Fractions Units: 1.399E-1 9.329E-2 4.666E-2 3.075E-5
10	co2 Mass Fractions : co2 Mass Fractions Units: 1.297E-1 8.649E-2 4.325E-2 1.680E-5	co2 Mass Fractions : co2 Mass Fractions Units: 1.458E-1 9.868E-2 5.158E-2 4.440E-3	co2 Mass Fractions : co2 Mass Fractions Units: 1.382E-1 9.299E-2 4.773E-2 2.477E-3
17	co2 Mass Fractions : co2 Mass Fractions Units: 1.254E-1 8.366E-2 4.195E-2 2.343E-4	co2 Mass Fractions : co2 Mass Fractions Units: 1.451E-1 1.004E-1 5.571E-2 1.104E-2	co2 Mass Fractions : co2 Mass Fractions Units: 1.378E-1 9.337E-2 4.912E-2 4.878E-3

曲轴转角/(°)	30%汽油	40%汽油	50%汽油
−15	co2 Mass Fractions : co2 Mass Fractions Units: 2.864E-6 1.909E-6 9.547E-7 2.065E-17	co2 Mass Fractions : co2 Mass Fractions Units: 8.520E-7 5.680E-7 2.840E-7 6.813E-19	co2 Mass Fractions : co2 Mass Fractions Units: 1.096E-7 7.305E-8 3.652E-8 4.210E-20
−7	co2 Mass Fractions : co2 Mass Fractions Units: 1.198E-1 7.990E-2 3.995E-2 2.164E-8	co2 Mass Fractions : co2 Mass Fractions Units: 4.199E-3 2.799E-3 1.400E-3 4.306E-9	co2 Mass Fractions : co2 Mass Fractions Units: 1.435E-3 9.565E-4 4.783E-4 2.191E-9
0	co2 Mass Fractions : co2 Mass Fractions Units: 1.325E-1 8.832E-2 4.417E-2 2.258E-5	co2 Mass Fractions : co2 Mass Fractions Units: 1.254E-1 8.362E-2 4.181E-2 1.058E-6	co2 Mass Fractions : co2 Mass Fractions Units: 8.873E-2 5.915E-2 2.958E-2 5.121E-8
10	co2 Mass Fractions : co2 Mass Fractions Units: 1.293E-1 8.707E-2 4.481E-2 2.559E-3	co2 Mass Fractions : co2 Mass Fractions Units: 1.258E-1 8.388E-2 4.194E-2 4.690E-6	co2 Mass Fractions : co2 Mass Fractions Units: 1.214E-1 8.096E-2 4.048E-2 1.081E-6

续表

曲轴转角/(°)	30%汽油	40%汽油	50%汽油
17	co2 Mass Fractions : co2 Mass Fractions Units: 1.251E-1 8.486E-2 4.461E-2 4.350E-3	co2 Mass Fractions : co2 Mass Fractions Units: 1.233E-1 8.221E-2 4.112E-2 2.077E-5	co2 Mass Fractions : co2 Mass Fractions Units: 1.183E-1 7.755E-2 3.878E-2 3.564E-6

汽油-柴油混合燃料燃烧时先生成 CO,CO 继续氧化生成 CO_2,所以在发生化学反应的时候,中间的部分过程中 CO 的浓度值很高。由图 3-16 可知,柴油的 CO 中间产物生成速度最快,随着汽油掺加量的增加,CO 的生成曲线总体有所后移,在燃烧结束阶段,柴油和掺 10%、20%、30%、40%汽油的混合燃料的 CO 排放量基本相当,而掺 50%汽油混合燃料的 CO 排放量较多,说明此工况下燃烧不够充分,因此该工况下 CO_2的排放量较少。

由图 3-18 可知,NO 在喷油以后开始产生,当曲轴转角为-10°左右时 NO 产量逐步升高,然而到曲轴转角为 20°左右时 NO 的产量开始逐渐降低。随着汽油添加量的增多,NO 生成量有所减少,特别是掺入 50%汽油比例工况下 NO 排放差别显得更大。可见,掺烧汽油对减少 NO 排放是有利的,而 NO 是 NO_x的主要成分,减少 NO 即可减少 NO_x排放。表 3-7 对应于燃烧不同浓度汽油-柴油混合燃料产生的 NO 在气缸中的空间分布情况。

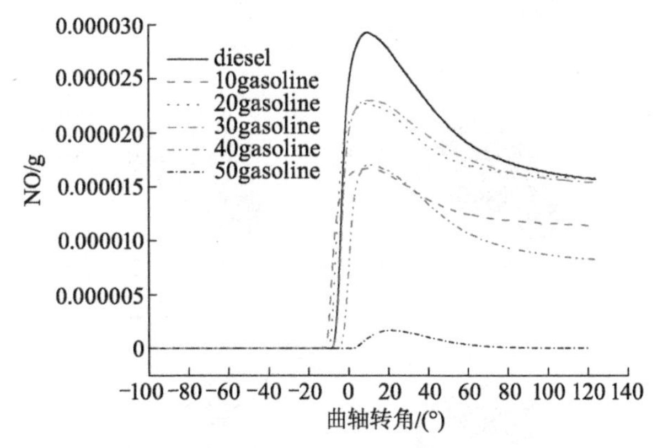

图 3-18　NO 排放量与曲轴转角的变化曲线

表 3-7　燃烧不同比例汽油–柴油混合燃料产生的 NO 在气缸中的空间分布情况

曲轴转角/(°)	0%汽油	10%汽油	20%汽油
−15	no Mass Fractions : no Mass Fractions Units: 7.680E-18 5.120E-18 2.560E-18 1.251E-28	no Mass Fractions : no Mass Fractions Units: 1.663E-21 1.109E-21 5.543E-22 5.698E-28	no Mass Fractions : no Mass Fractions Units: 1.532E-21 1.022E-21 5.108E-22 3.011E-29
−7	no Mass Fractions : no Mass Fractions Units: 2.501E-5 1.667E-5 8.337E-6 5.163E-23	no Mass Fractions : no Mass Fractions Units: 7.218E-5 4.812E-5 2.406E-5 6.770E-16	no Mass Fractions : no Mass Fractions Units: 6.394E-5 4.263E-5 2.131E-5 3.646E-17
0	no Mass Fractions : no Mass Fractions Units: 1.944E-4 1.296E-4 6.480E-5 5.941E-16	no Mass Fractions : no Mass Fractions Units: 1.046E-4 6.972E-5 3.486E-5 9.032E-12	no Mass Fractions : no Mass Fractions Units: 1.501E-4 1.001E-4 5.005E-5 6.618E-13
10	no Mass Fractions : no Mass Fractions Units: 2.112E-4 1.408E-4 7.040E-5 9.294E-13	no Mass Fractions : no Mass Fractions Units: 1.014E-4 6.762E-5 3.381E-5 4.588E-9	no Mass Fractions : no Mass Fractions Units: 1.368E-4 9.123E-5 4.561E-5 1.761E-9
17	no Mass Fractions : no Mass Fractions Units: 1.914E-4 1.276E-4 6.381E-5 1.695E-11	no Mass Fractions : no Mass Fractions Units: 9.385E-5 6.257E-5 3.128E-5 1.018E-8	no Mass Fractions : no Mass Fractions Units: 1.333E-4 8.888E-5 4.444E-5 7.977E-9
曲轴转角/(°)	30%汽油	40%汽油	50%汽油
−15	no Mass Fractions : no Mass Fractions Units: 1.192E-21 7.947E-22 3.973E-22 9.827E-28	no Mass Fractions : no Mass Fractions Units: 7.963E-22 5.309E-22 2.654E-22 8.582E-33	no Mass Fractions : no Mass Fractions Units: 2.026E-22 1.350E-22 6.752E-23 4.012E-27

续表

曲轴转角/(°)	30%汽油	40%汽油	50%汽油
−7	no Mass Fractions : no Mass Fractions Units: 1.335E-5 8.902E-6 4.451E-6 4.917E-26	no Mass Fractions : no Mass Fractions Units: 1.305E-18 8.701E-19 4.350E-19 5.258E-25	no Mass Fractions : no Mass Fractions Units: 8.910E-21 5.940E-21 2.970E-21 4.071E-25
0	no Mass Fractions : no Mass Fractions Units: 1.770E-4 1.180E-4 5.899E-5 2.498E-13	no Mass Fractions : no Mass Fractions Units: 9.954E-5 6.636E-5 3.318E-5 1.150E-18	no Mass Fractions : no Mass Fractions Units: 2.441E-7 1.627E-7 8.136E-8 4.472E-25
10	no Mass Fractions : no Mass Fractions Units: 1.599E-4 1.066E-4 5.331E-5 3.450E-10	no Mass Fractions : no Mass Fractions Units: 1.699E-4 1.133E-4 5.663E-5 2.416E-15	no Mass Fractions : no Mass Fractions Units: 4.907E-5 3.271E-5 1.636E-5 1.344E-22
17	no Mass Fractions : no Mass Fractions Units: 1.324E-4 8.829E-5 4.415E-5 2.573E-9	no Mass Fractions : no Mass Fractions Units: 1.574E-4 1.049E-4 5.247E-5 4.435E-14	no Mass Fractions : no Mass Fractions Units: 7.020E-5 4.680E-5 2.340E-5 1.197E-18

由图3-19可知，柴油燃烧时产生的NO_2最多，掺入50%汽油比例的混合燃料燃烧时产生的NO_2最少，说明掺入汽油也有利于减少NO_2排放。表3-8为仿真结束时，不同汽油掺烧比例下混合燃料排放的NO和NO_2的峰值。表3-9为燃烧不同比例汽油-柴油混合燃料产生的NO_2在气缸中的空间分布情况。表3-10为燃烧不同浓度汽油-柴油混合燃料产生的N_2在气缸中的空间分布情况。

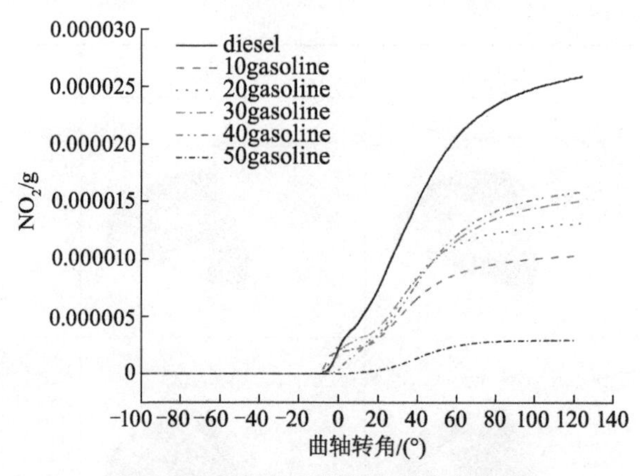

图 3-19　NO_2与曲轴转角的变化曲线

表 3-8　不同汽油掺烧比例下混合燃料排放 NO 和 NO_2峰值

燃料种类	0%汽油	10%汽油	20%汽油	30%汽油	40%汽油	50%汽油
NO/(g/kgfuel)	1.245	0.593	0.855	0.926	0.781	0.211
NO_2/(g/kgfuel)	0.907	0.397	0.432	0.515	0.602	0.303

表 3-9　燃烧不同比例汽油-柴油混合燃料产生的 NO_2在气缸中的空间分布情况

曲轴转角/(°)	0%汽油	10%汽油	20%汽油
−15	no2 Mass Fractions : no2 Mass Fractions Units: 1.129E-16 7.524E-17 3.762E-17 4.213E-32	no2 Mass Fractions : no2 Mass Fractions Units: 3.814E-21 2.542E-21 1.271E-21 1.386E-32	no2 Mass Fractions : no2 Mass Fractions Units: 2.899E-21 1.932E-21 9.662E-22 1.953E-32
−7	no2 Mass Fractions : no2 Mass Fractions Units: 1.137E-6 7.582E-7 3.791E-7 1.728E-22	no2 Mass Fractions : no2 Mass Fractions Units: 3.664E-6 2.443E-6 1.221E-6 2.631E-13	no2 Mass Fractions : no2 Mass Fractions Units: 1.128E-6 7.523E-7 3.762E-7 3.997E-13
0	no2 Mass Fractions : no2 Mass Fractions Units: 6.013E-6 4.009E-6 2.004E-6 9.086E-12	no2 Mass Fractions : no2 Mass Fractions Units: 5.762E-6 3.841E-6 1.921E-6 1.901E-11	no2 Mass Fractions : no2 Mass Fractions Units: 7.642E-6 5.095E-6 2.547E-6 1.310E-11

续表

曲轴转角/(°)	0%汽油	10%汽油	20%汽油
10	no2 Mass Fractions : no2 Mass Fractions Units: 1.340E-5 8.931E-6 4.466E-6 7.394E-10	no2 Mass Fractions : no2 Mass Fractions Units: 7.076E-6 4.718E-6 2.359E-6 3.317E-11	no2 Mass Fractions : no2 Mass Fractions Units: 1.830E-5 1.222E-5 6.139E-6 5.720E-8
17	no2 Mass Fractions : no2 Mass Fractions Units: 2.304E-5 1.536E-5 7.689E-6 1.615E-8	no2 Mass Fractions : no2 Mass Fractions Units: 9.257E-6 6.174E-6 3.090E-6 5.885E-9	no2 Mass Fractions : no2 Mass Fractions Units: 2.589E-5 1.732E-5 8.746E-6 1.722E-7
曲轴转角/(°)	30%汽油	40%汽油	50%汽油
−15	no2 Mass Fractions : no2 Mass Fractions Units: 9.249E-22 6.166E-22 3.083E-22 2.692E-33	no2 Mass Fractions : no2 Mass Fractions Units: 2.553E-22 1.702E-22 8.511E-23 4.630E-34	no2 Mass Fractions : no2 Mass Fractions Units: 2.441E-23 1.627E-23 8.136E-24 8.320E-35
−7	no2 Mass Fractions : no2 Mass Fractions Units: 4.312E-7 2.875E-7 1.437E-7 1.717E-20	no2 Mass Fractions : no2 Mass Fractions Units: 1.408E-17 9.387E-18 4.694E-18 3.886E-25	no2 Mass Fractions : no2 Mass Fractions Units: 1.880E-19 1.253E-19 6.266E-20 1.788E-25
0	no2 Mass Fractions : no2 Mass Fractions Units: 7.480E-6 4.987E-6 2.493E-6 1.254E-10	no2 Mass Fractions : no2 Mass Fractions Units: 1.469E-6 9.793E-7 4.897E-7 3.829E-14	no2 Mass Fractions : no2 Mass Fractions Units: 1.467E-8 9.778E-9 4.889E-9 6.998E-24
10	no2 Mass Fractions : no2 Mass Fractions Units: 1.197E-5 7.992E-6 4.013E-6 3.385E-8	no2 Mass Fractions : no2 Mass Fractions Units: 7.835E-6 5.223E-6 2.612E-6 2.192E-11	no2 Mass Fractions : no2 Mass Fractions Units: 2.356E-6 1.571E-6 7.853E-7 4.071E-18
17	no2 Mass Fractions : no2 Mass Fractions Units: 2.223E-5 1.487E-5 7.501E-6 1.352E-7	no2 Mass Fractions : no2 Mass Fractions Units: 1.193E-5 7.956E-6 3.978E-6 2.410E-10	no2 Mass Fractions : no2 Mass Fractions Units: 4.194E-6 2.796E-6 1.398E-6 4.673E-15

表 3-10　燃烧不同比例汽油–柴油混合燃料产生的 N_2 在汽缸中的空间分布情况

曲轴转角/(°)	0%汽油	10%汽油	20%汽油
−15	n2 Mass Fractions : n2 Mass Fractions Units: 8.586E-1 8.295E-1 8.004E-1 7.712E-1	n2 Mass Fractions : n2 Mass Fractions Units: 8.586E-1 8.295E-1 8.004E-1 7.712E-1	n2 Mass Fractions : n2 Mass Fractions Units: 8.586E-1 8.301E-1 8.017E-1 7.732E-1
−7	n2 Mass Fractions : n2 Mass Fractions Units: 8.586E-1 8.421E-1 8.256E-1 8.092E-1	n2 Mass Fractions : n2 Mass Fractions Units: 8.586E-1 8.385E-1 8.184E-1 7.983E-1	n2 Mass Fractions : n2 Mass Fractions Units: 8.586E-1 8.417E-1 8.247E-1 8.078E-1
0	n2 Mass Fractions : n2 Mass Fractions Units: 8.586E-1 8.419E-1 8.251E-1 8.084E-1	n2 Mass Fractions : n2 Mass Fractions Units: 8.585E-1 8.380E-1 8.176E-1 7.971E-1	n2 Mass Fractions : n2 Mass Fractions Units: 8.585E-1 8.401E-1 8.218E-1 8.034E-1
10	n2 Mass Fractions : n2 Mass Fractions Units: 8.585E-1 8.427E-1 8.269E-1 8.110E-1	n2 Mass Fractions : n2 Mass Fractions Units: 8.570E-1 8.367E-1 8.164E-1 7.960E-1	n2 Mass Fractions : n2 Mass Fractions Units: 8.576E-1 8.402E-1 8.229E-1 8.055E-1
17	n2 Mass Fractions : n2 Mass Fractions Units: 8.584E-1 8.440E-1 8.296E-1 8.152E-1	n2 Mass Fractions : n2 Mass Fractions Units: 8.554E-1 8.359E-1 8.162E-1 7.965E-1	n2 Mass Fractions : n2 Mass Fractions Units: 8.569E-1 8.403E-1 8.236E-1 8.069E-1
曲轴转角/(°)	30%汽油	40%汽油	50%汽油
−15	n2 Mass Fractions : n2 Mass Fractions Units: 8.586E-1 8.304E-1 8.023E-1 7.741E-1	n2 Mass Fractions : n2 Mass Fractions Units: 8.586E-1 8.289E-1 7.991E-1 7.694E-1	n2 Mass Fractions : n2 Mass Fractions Units: 8.586E-1 8.300E-1 8.013E-1 7.727E-1

续表

曲轴转角/(°)	30%汽油	40%汽油	50%汽油
−7	n2 Mass Fractions : n2 Mass Fractions Units: 8.586E-1 8.419E-1 8.252E-1 8.085E-1	n2 Mass Fractions : n2 Mass Fractions Units: 8.586E-1 8.431E-1 8.276E-1 8.121E-1	n2 Mass Fractions : n2 Mass Fractions Units: 8.586E-1 8.432E-1 8.278E-1 8.124E-1
0	n2 Mass Fractions : n2 Mass Fractions Units: 8.585E-1 8.417E-1 8.249E-1 8.081E-1	n2 Mass Fractions : n2 Mass Fractions Units: 8.585E-1 8.432E-1 8.279E-1 8.126E-1	n2 Mass Fractions : n2 Mass Fractions Units: 8.586E-1 8.454E-1 8.322E-1 8.190E-1
10	n2 Mass Fractions : n2 Mass Fractions Units: 8.573E-1 8.425E-1 8.277E-1 8.128E-1	n2 Mass Fractions : n2 Mass Fractions Units: 8.585E-1 8.441E-1 8.297E-1 8.153E-1	n2 Mass Fractions : n2 Mass Fractions Units: 8.585E-1 8.455E-1 8.326E-1 8.196E-1
17	n2 Mass Fractions : n2 Mass Fractions Units: 8.568E-1 8.433E-1 8.298E-1 8.164E-1	n2 Mass Fractions : n2 Mass Fractions Units: 8.584E-1 8.451E-1 8.318E-1 8.184E-1	n2 Mass Fractions : n2 Mass Fractions Units: 8.583E-1 8.470E-1 8.356E-1 8.242E-1

图 3-20 是仿真获得的 soot 排放量和曲轴转角的变化曲线，图 3-21 是几个工况下发动机的功率输出比较，图 3-22 是主要放热区间时间长度的比较，图 3-23 是热效率的比较。

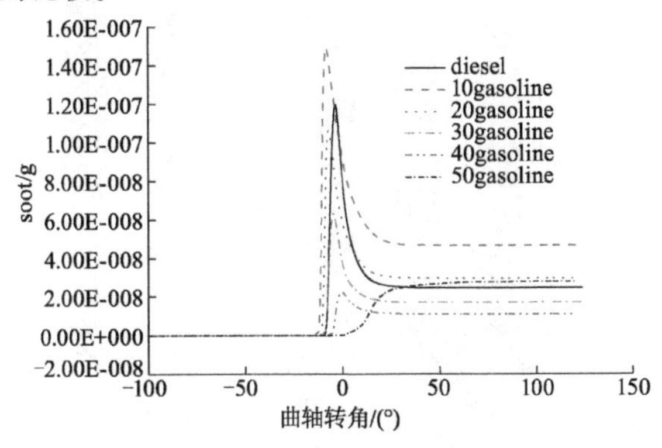

图 3-20　soot 排放量和曲轴转角的变化曲线

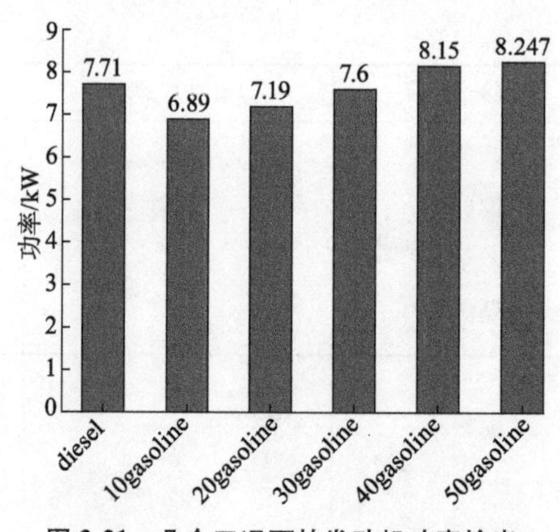

图 3-21　几个工况下的发动机功率输出

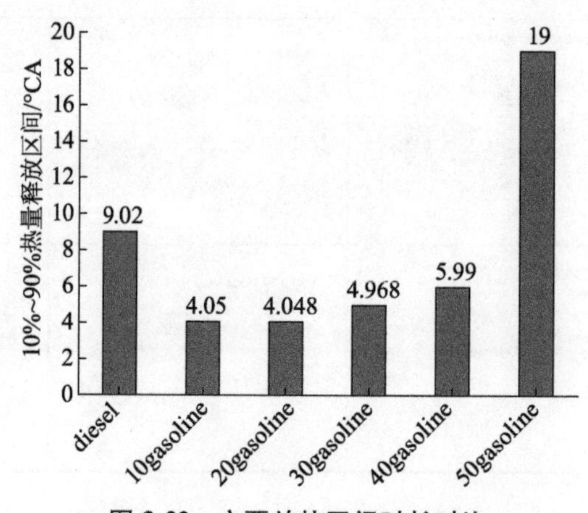

图 3-22　主要放热区间时长对比

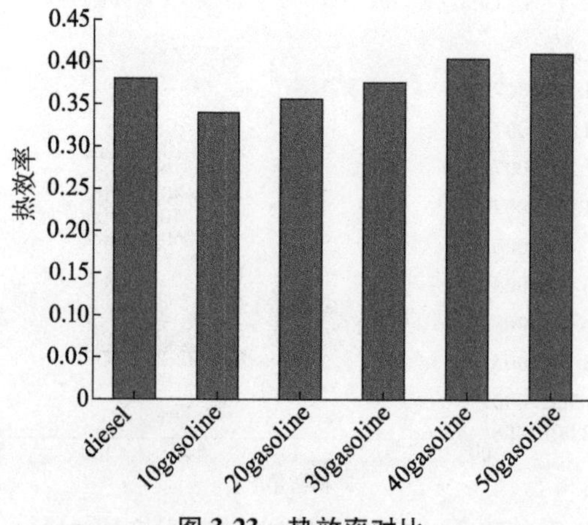

图 3-23　热效率对比

可见,掺烧部分汽油时,主要放热区间的时间变短,随着掺烧汽油量的增加,放热区间的时间变长。随着掺烧汽油比例的增加,发动机的输出功率有所增加,热效率有所增长,在汽油掺加量较少的时候,热效率相比柴油有所下降,但缸内热量释放所需时间有较大减少,说明缸内燃烧更剧烈。

3.5　总结

本章建立了缸径 93 mm、行程 10 mm 的 60°的扇形网格模型,利用 Forte 软件对汽油-柴油混合燃料的燃烧进行模拟,并在喷油量每循环 30 mg、转速在 1800 r/min 时选取了不同的汽油比例进行仿真计算,得到如下结论:

当汽油-柴油混合燃料中的汽油比例增加时,气缸中的平均压力和平均温度不会发生太大变化。然而,随着汽油比例的不断升高,缸内的点火时间会逐渐滞后,燃烧起始点大幅度后移,特别是当汽油混合比达到 50%时。由于汽油具有高度挥发性,因此更容易蒸发。汽油的蒸发吸收了大量的热量,降低了气缸内的温度,从而使滞燃期延长,并显著降低了气缸内的压力。

汽油掺烧量不多时,汽油-柴油混合燃料的 CO 排放和柴油工况几乎没有差别,而大比例掺烧汽油时会增大 CO 排放。掺烧汽油有利于减少 NO_x 排放。小部分掺烧汽油时,主要热量释放时间变短;大比例掺烧时,热量释放时间变长。

第 4 章　喷油参数的影响

4.1　简介

我国市场对石油资源的需求依旧呈增长趋势，为了缓解能源紧缺问题，必须降低柴油机的燃油消耗量并减少排放。柴油机面临的考验有两个：一是燃料的消耗；二是污染物的排放。从发动机工作过程层面来说，可以对燃油喷射系统及燃烧室进行优化，使柴油机减少对燃料的消耗及降低污染物的排放。柴油机燃烧室内的燃烧过程纷繁复杂，如果不去研究柴油机的工作过程，就勿论对柴油机进行节能减排。柴油机燃烧过程的影响因素包括燃油的物理化学性质、压缩气体状态、燃油喷射规律、油气混合组织等，这些因素可以简要归为油、气、燃烧室结构三要素。怎么选择进气初始值、怎么选择喷油曲线、怎么选择燃烧室结构都会影响燃烧过程和排放过程。本章将对燃烧室进行仿真，并对燃油系统的一些参数进行优化，以期达到节能减排的目标。

国外的很多研究机构是柴油机仿真的研究先行者，如曼彻斯特大学、巴斯大学和里卡多公司、德国波鸿大学、华盛顿大学等，他们开发了许多这方面的软件，其中比较知名的软件有 Ansys、AVL Fire、Boost、CAD、Catia、VR-Platform 和 Kiva 系列等。

我国早在 20 世纪 70 年代就已经开始钻研柴油机数值模拟的工作过程。前有中国科学院用数学方法对柴油机进行研究，后有清华大学将 MK-14 软件简而化之让其成为仿真软件。再往后，我国部分高校开始研究柴油机仿真。随着柴油机研究模型地不断进步和柴油机仿真软件的层出不穷，我国对于柴油机的仿真研究也一日千里。与国外不同的是，我国研究柴油机的方向主要集中在：基于发动机仿真模型计算发动机性能并对其进行优化；基于发动机仿真模型研究其工作过程；利用仿真软件探讨发动机的工作特性；利用仿真软件仿真柴油机的故障。

Forte 是一款适用柴油机的 CFD 仿真软件。Forte 的网格生成技术在业界首屈一指，自适应网格加密和基于几何模型的自适应网格加密技术更是令其他仿真软件难以望其项背。传统的柴油机仿真软件是利用化学求解器来模拟燃烧和排放的，但是这种方式太过缓慢，已经跟不上技术发展的脚步。对于 Forte 来说，其主要仿真特点是将燃烧和流动结合起来，并不会像类似软件那般较大地影响流体仿真求解时间。Forte 能可靠、准确模拟任何燃料内燃机的燃烧性能，帮助工程师迅速提高发动机的清洁效果，让发动机更好地完全燃烧，从而设计出更高效的多燃料发动机。由于 Forte 可以用更快的速度、更准确的精度对燃烧进行仿真，因此发动机设计人员不需要花费太多时间生成网格就可以迅速完成设计分析。

Ansys 仿真首先使用扇形网格模拟柴油机，设置参数，生成扇形网络，定义发动机参数，选择网格拓扑，指定网格大小参数，最后生成需要的网格。这节省了大量时间，减少了对工程师精力的耗费。然后使用扇形网格模拟柴油机，设置柴油燃烧的参数，如喷射模式、喷雾特性、边界条件、曲柄角度等。Forte 软件将燃料模型与燃料喷雾动力学结合起来，不需要牺牲宝贵的仿真求解时间。Forte 软件还可以对烟尘颗粒成核、成长、团聚和氧化进行追踪，不需要耗费时间计算颗粒尺寸和颗粒量，还支持并行性能，这大大减少了柴油机仿真的周期。

PM 和 NO_x 是发动机污染物的主要成分，CO 和 HC 在污染物排放中存在感较低，所以减少 PM 与 NO_x 的生成是降低柴油机尾气排放的不二法门，还对降低 CO 和 NO_x 的间接排放有帮助。对发动机燃油系统及燃烧室进行优化是合理组织燃烧、减少发动机排放污染物的一种重要手段。

4.2　模型构建

燃油喷射系统参数对柴油发动机燃烧室的燃烧过程与排放有着至关重要的影响，这些参数的优化也是后续研究的基础。本书以 4190 柴油机为仿真原型，对燃油喷射的参数进行灵活控制，以实现仿真研究目标。以柴油为基础燃料，通过对燃油喷射系统的喷油提前角、喷油量、喷油持续期等参数进行调节，再对其进行仿真，对仿真获得的数据进行比对，通过分析对发动机燃烧与排放进行指导。4190 柴油机基本参数如表 4-1 所示。

表 4-1　学习 90 柴油机基本参数

名称	数值
气缸直径/mm	190
活塞行程/mm	210
活塞总排量/L	23.82
压缩比	14∶1
平均有效压力/MPa	1.147
标定转速/(r/min)	1000
喷孔直径/mm	0.26
喷孔数/个	8
发火顺序	1—3—4—2

开始仿真时应将活塞顶部形状的样式(图 4-1)导入 Forte 软件中,仿真区间为进气门关闭到排气门打开。仿真模型中化学反应计算在柴油喷射以后并且缸内温度达到 600 K 时激活,缸盖、缸壁初始温度分别设置为 553.15 K 和 403.15 K,活塞初始温度设置为 625.15 K。

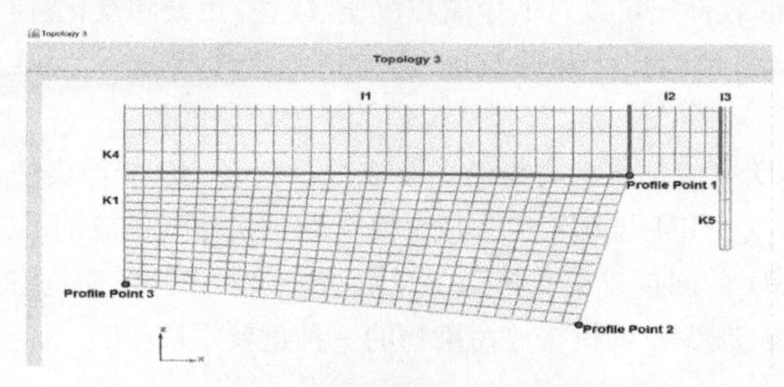

图 4-1　活塞顶部形状网格图

Forte 软件包含多个仿真燃油喷射动力学的模型,这些模型一般包括喷嘴喷射、燃油雾化、液滴破碎、液滴碰撞和聚结、液滴蒸发、液滴碰壁等喷射发展过程。首先通过 Kelvin-Helmholtz / Rayleigh-Taylor (KH /RT)模型来仿真喷油雾化和液滴破碎,然后通过设定破碎长度来定义 KH 破碎模型,它能把液滴从射流上剥落下来,紧接着利用 RT 模型来计算剥落下来液滴的继续破碎过程。

图 4-2 和图 4-3 是发动机的仿真模型,包含的网格数量为 17960 个,根据仿真计算中条件的不同,仿真网格数量会发生一定变化,由于喷嘴有 8 个喷孔,因此该计算网格只是一个 45°的扇形。

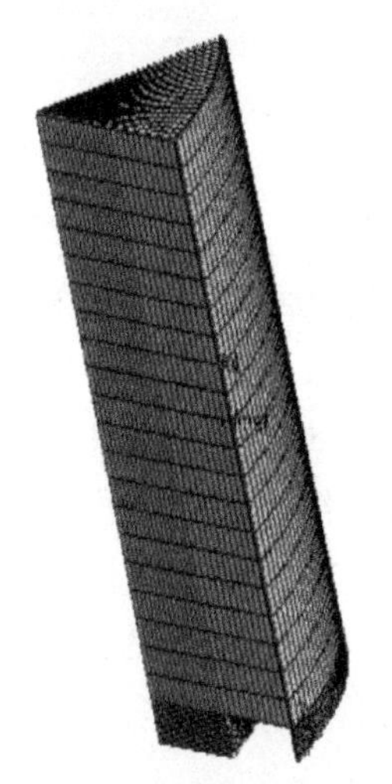

图 4-2　柴油机燃烧室网格模型

图 4-3　柴油机喷嘴位置

模型搭建完后，需要定义喷油嘴的参数，创建喷油器并添加燃料混合物。如图 4-4 所示，设置为 nc7h16（正庚烷），物理性质选择正十四烷，质量分数选择 1.0 品种。

Species	Physical Properties	Mass Fraction
nc7h16	n-Tetradecan...	1.0

图 4-4　燃料混合物参数

下一步定义喷嘴位置，选择柱形模型并定义喷嘴的位置与尺寸（图 4-5、图 4-6），定义喷嘴的直径为 0.000302 cm^2（图 4-7）。

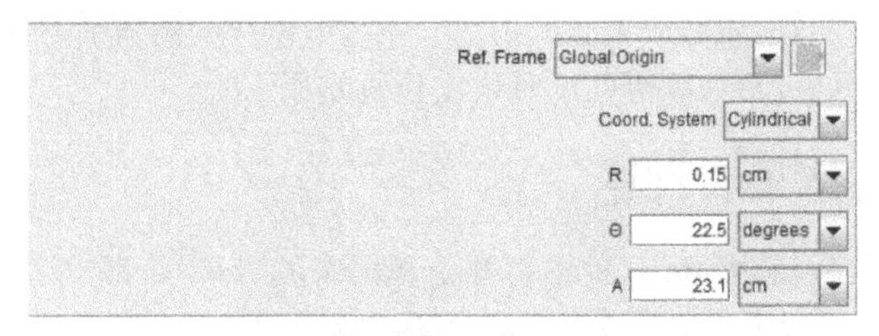

图 4-5　喷嘴位置参数 1

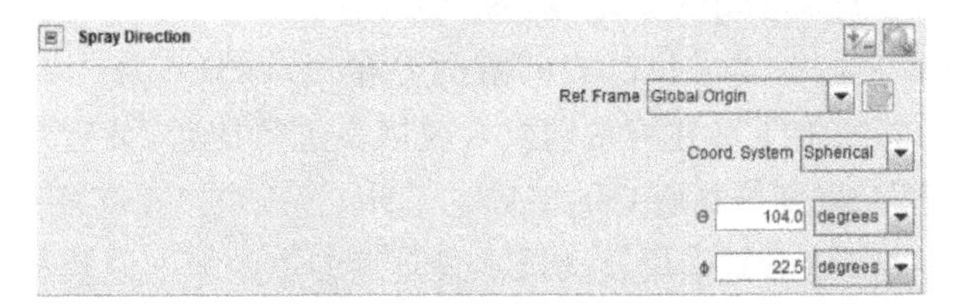

图 4-6　喷嘴位置参数 2

图 4-7　喷油嘴尺寸参数

仿真条件:喷油提前角为上止点前-22.5°,总的喷油时间控制在 0.004 s 内,发动机转速为 1000 r/min,总体喷射量保持为 1.3 g。柴油机喷嘴有 8 个喷孔,且在圆周上均匀分布,因此可以只研究气缸的 1/8 以减少运算量。柴油发动机通常使用扇形网格方法建模,扇形网格方法仅模拟缸内过程。扇形可以代表整个几何形状,可以利用气缸和喷射器喷嘴孔图案的周期性。通过这种方式创建的网格要小得多,因此模拟过程比 360°网格运行得更快。在尾气中选取 CO、CO_2、NO、NO_2、soot 等具有代表性的成分作为柴油机燃烧产物的代表并进行仿真分析。

首先将生成的发动机几何模型导入 Forte 文件中,在化学物质反应中选择柴油的机理文件,然后单击“输入物质模型”,设置燃料的喷射模型,保留“液滴在碰撞时允许蒸发”,创建喷油器,设置喷嘴及其参数。接着设置碳烟模型、边界条件,其中活塞的长度、温度及发动机的转速等参照发动机的数值参数。之后设置初始条件,设置一些成分的摩尔分数、温度和压力等,设置湍流的强度分数和长度尺度等。随后在仿真控制下,对于仿真结束点设定一些参数,如初始曲柄角度、最终的曲柄角度、仿真时间及排放后的污染气体的选择等。保存后单击“运行”按钮,此时软件仿真就开始了。

在“运行”按钮的上方有一个“Monitor”按钮,单击可以监测仿真的运行情况以及仿真到曲轴转角的哪一个角度。打开 Windows 资源管理器,会发现电脑的 CPU 占用率较高,等待几小时得出仿真结果。

4.3　仿真结果和讨论

仿真结束后,从 Forte 软件中打开仿真出来的 Analysis 文件会得到一些数据。选取如曲轴转角、温度、压力、污染物等相关数据进行绘图,这样可以更直观地看到随着曲轴转角的变化,缸内压力、温度及污染物排放的变化情况。另外,可以查看它们在发动机缸内的空间分布三维图(在各个曲轴转角可以得出不同状态的三维图),并将它们放入表格中进行比较,分析柴油机的燃烧过程和排放过程,得到仿真研究的结果。

通过表 4-2 可以看到采用发动机本身自带的燃油喷射系统的参数进行仿真后获得的主要数据。由表 4-2 可知,经过 Forte 的仿真,柴油机的功率为

20.997 kW,缸内最大压力为 9.702 MPa,缸内最高温度为 1544.167 K,发动机的热效率为 0.436(一般柴油机的热效率能达到 0. 35~0. 45,因此 4190 柴油机的热效率在正常的范围之内)。后续将会把这些数据与改变过参数的仿真结果进行比较,以期观察分析各个参数的影响。

表 4-2　仿真结果主要参数

名称	数值
功率/kW	20.996
缸内最大压力/MPa	9.70
缸内最高温度/K	1544.167
热效率	0.436

通过图 4-8 可以看出缸内压力与曲轴转角的关系,缸内初始气压为 1.93 atm。缸内压力的峰值出现在-3.99°CA 处,数值为 95.750 atm。喷油提前角为-22.5°,当喷油嘴开始喷油时,缸内压力为 27.311 atm。当喷油嘴开始喷油时,曲线显著变陡,缸内压力开始急剧变大。

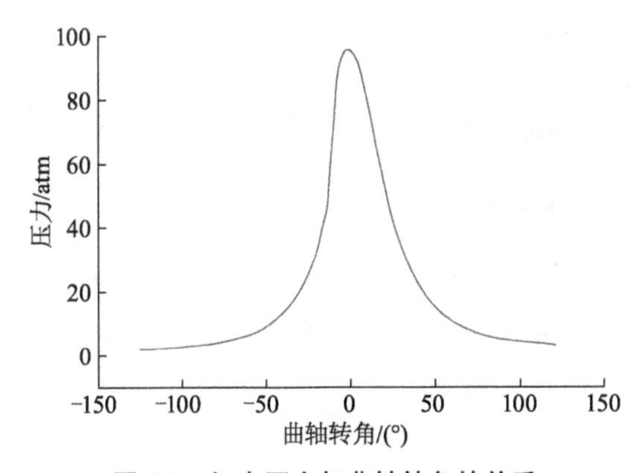

图 4-8　缸内压力与曲轴转角的关系

在缸内温度与曲轴转角关系图(图 4-9)中,缸内初始温度为 362 K。缸内温度的峰值为 1544.168 K,出现在-5.99°CA 处。喷油提前角为-22.5°,当开始喷油时,缸内温度为 762.705 K。

图 4-10 为 CO 的生成情况。CO 作为柴油机主要的排放污染物之一,它的生成量和排放量是缸内燃烧情况的重要指标。从-22.5°CA 开始喷油后,CO 开始生成,峰值为 0.01132 g,出现在-10.99°CA 时。最后 CO 的排放量为 0.000208 g。

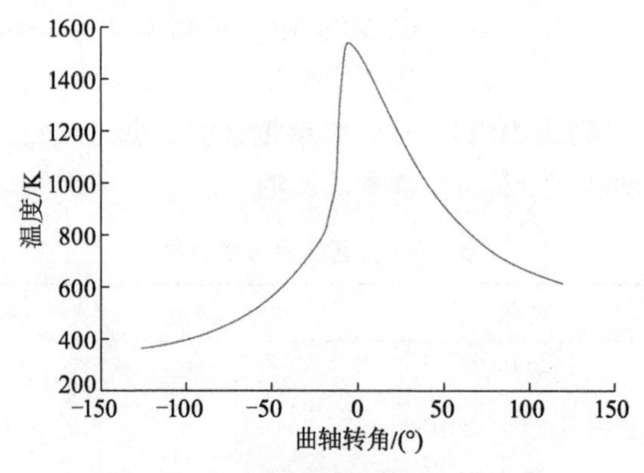

图 4-9　缸内温度与曲轴转角的关系

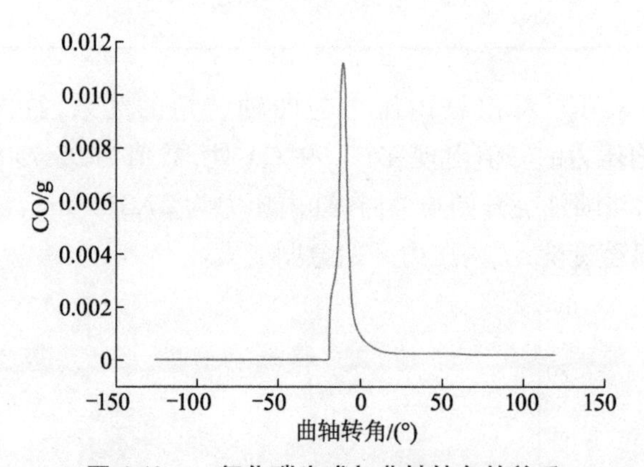

图 4-10　一氧化碳生成与曲轴转角的关系

soot 是燃料不完全燃烧的产物。如图 4-11 所示，soot 的生成从−22.5°CA 开始，峰值为 0.00217 g/(kgfuel)，出现在压缩上止点前 7.99°CA。

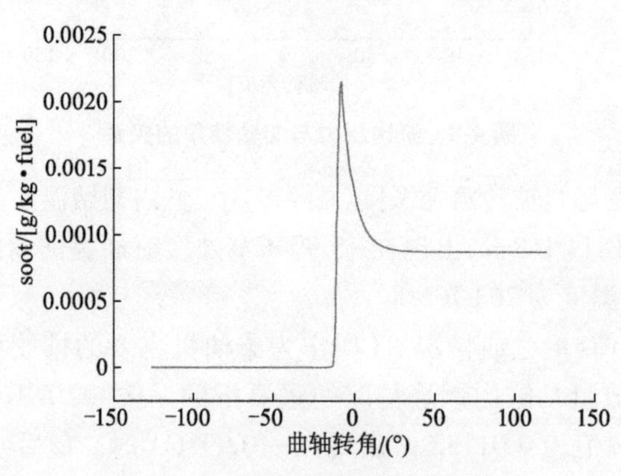

图 4-11　soot 生成与曲轴转角的关系

如图 4-12 所示，CO_2的生成从开始喷油时开始，在压缩上止点前 11°CA 开始剧增。由于仿真只在压缩上止点前 126°CA 到上止点后 121°CA 进行，因此最大值出现在压缩上止点后 121°CA，最大值即为排放量为 0.398 g。

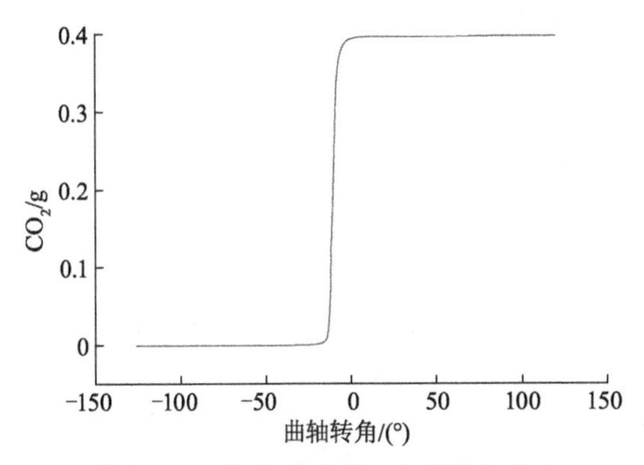

图 4-12　二氧化碳生成与曲轴转角关系

图 4-13 为 NO 的生成情况。氮氧化物也是柴油机主要排放污染物之一，NO 是 NO_x 的最主要成分。NO 生成的最大值出现在 3.99° CA，最大值为 0. 000154 g。仿真结束时的生成值为 0.0000878 g。

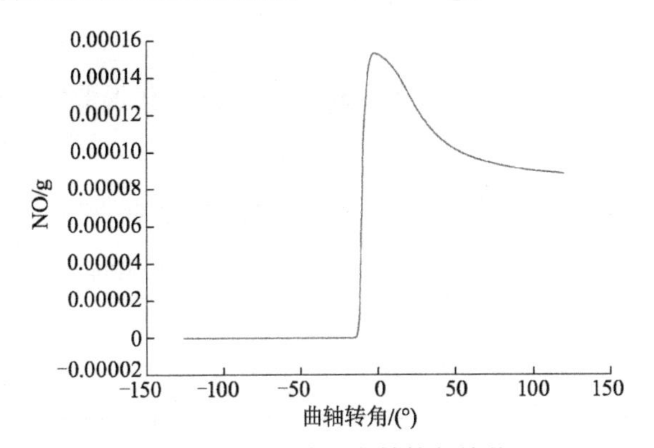

图 4-13　NO 生成与曲轴转角的关系

如图 4-14 所示，NO_2生成峰值为 0.0000878 g。

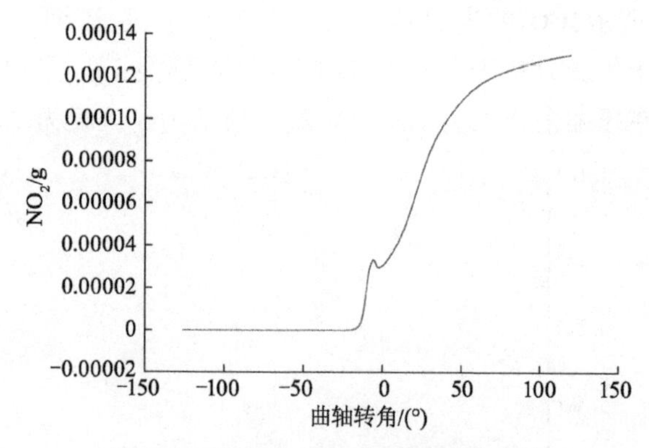

图 4-14 NO_2生成与曲轴转角的关系

4.4 喷油参数的影响

4.1.1 喷油提前角对燃烧过程的影响

柴油机要获得尽可能高的热效率，喷油必须在上止点前的某一时刻开始。喷油过早或者过晚都不利于燃烧过程的进行。本节选取了喷油提前角为-15.5°、-22.5°、-29.5°三种情况，探讨不同喷油提前角对柴油机燃烧过程及排放过程的影响。表 4-3 为在不同喷油提前角下获得的发动机的几个重要参数的比较。

表 4-3 不同喷油提前角对发动机关键参数的影响

提前角/(°)	功率/kW	缸内最大压力/MPa	缸内最高温度/K
-15.5	21.88	9.339	1520.070
-22.5	20.13	9.302	1544.167
-29.5	18.05	9.672	1559.218

图 4-15 为缸内温度随着喷油提前角的变化。由图可以看出，随着喷油提前角增大，缸内温度峰值也随之增大。喷油提前角越大，缸内温度产生变化的时刻也就越早，油气混合越均匀。如果喷油提前角过大，就会在压缩上止点前释放燃烧反应的主要热量，此时气体受热导致压力急剧升高，活塞向上移动变得困难。因此，喷油提前角不宜设置得过大，否则会导致发动机工作粗暴，动力性能、经济性都会下降。如果喷油提前角设置得过小，会导致供油时刻太迟，不能在活塞到达压缩上止点附近快速燃烧，亦会导致柴油机燃油动力性能、经济性下降。表 4-4 为通过设置不同的喷油提前角得到的缸内温度三维图。

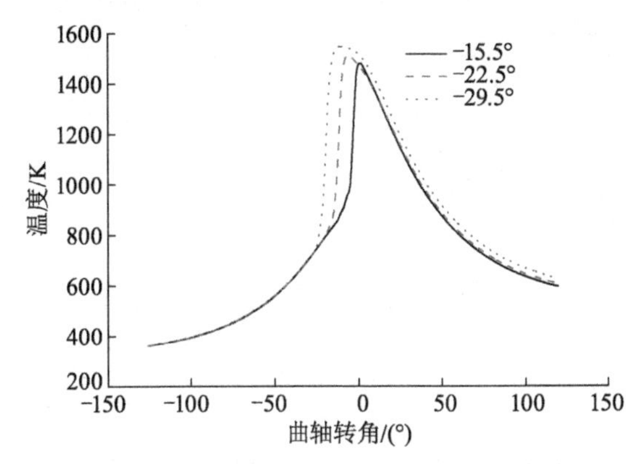

图 4-15　缸内温度随着喷油提前角的变化

表 4-4　不同喷油提前角下缸内温度的变化

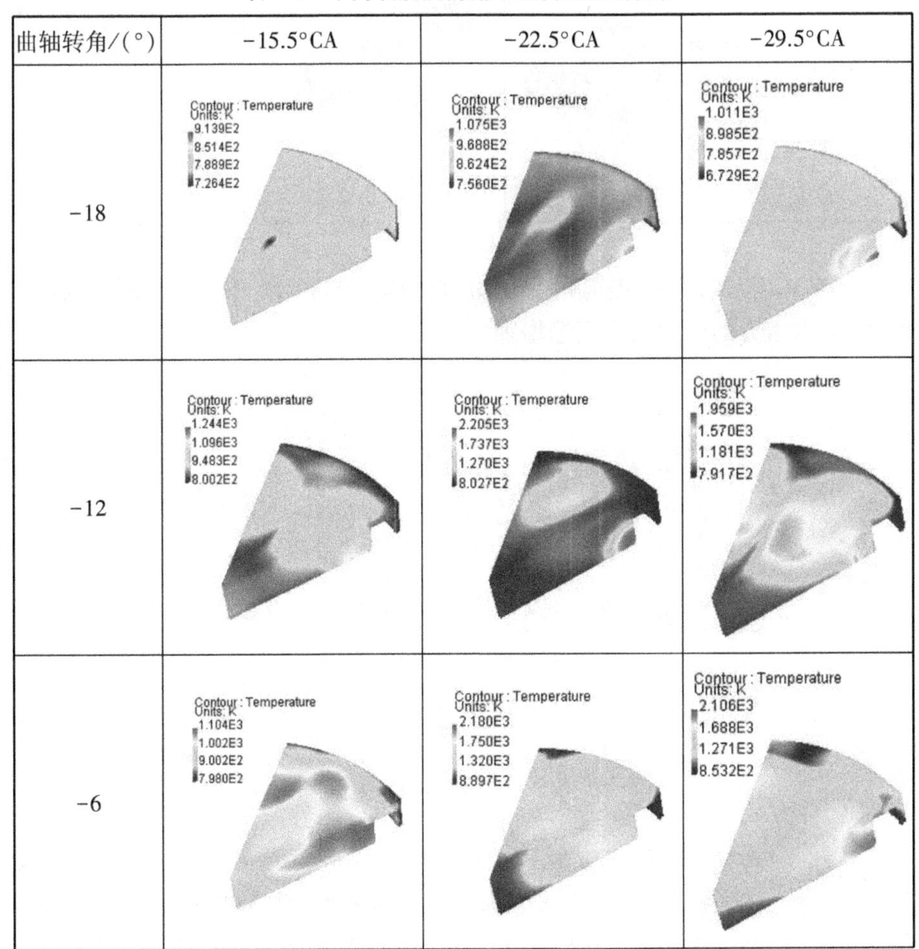

曲轴转角/(°)	−15.5°CA	−22.5°CA	−29.5°CA
−18	Contour: Temperature Units: K 9.139E2 8.514E2 7.889E2 7.264E2	Contour: Temperature Units: K 1.075E3 9.688E2 8.624E2 7.560E2	Contour: Temperature Units: K 1.011E3 8.985E2 7.857E2 6.729E2
−12	Contour: Temperature Units: K 1.244E3 1.096E3 9.483E2 8.002E2	Contour: Temperature Units: K 2.205E3 1.737E3 1.270E3 8.027E2	Contour: Temperature Units: K 1.959E3 1.570E3 1.181E3 7.917E2
−6	Contour: Temperature Units: K 1.104E3 1.002E3 9.002E2 7.980E2	Contour: Temperature Units: K 2.180E3 1.750E3 1.320E3 8.897E2	Contour: Temperature Units: K 2.106E3 1.688E3 1.271E3 8.532E2

续表

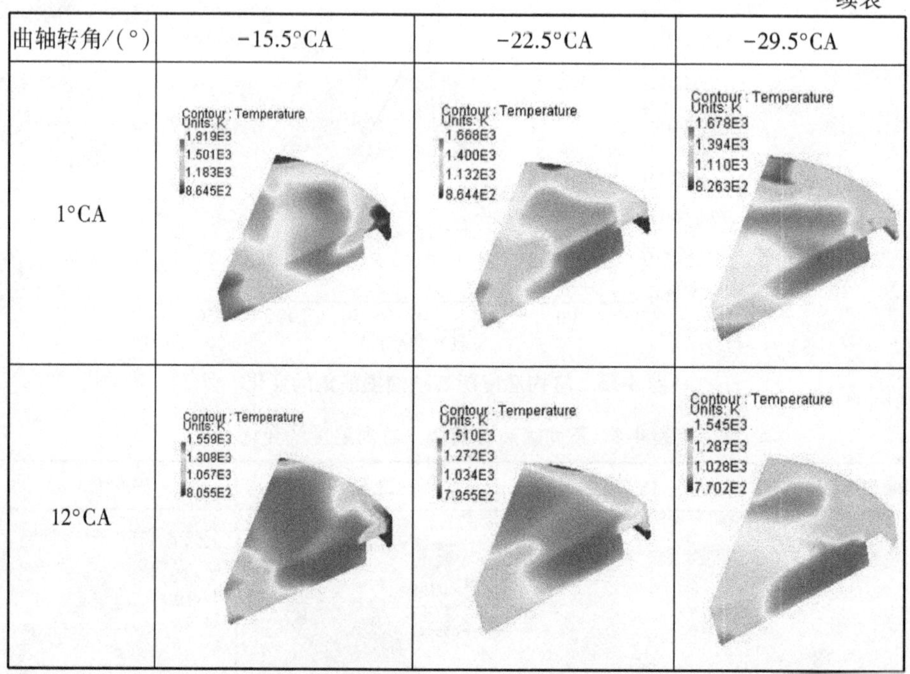

曲轴转角/(°)	-15.5°CA	-22.5°CA	-29.5°CA
1°CA			
12°CA			

图 4-16 显示了喷油提前角变化对缸内压力的影响。随着喷油提前角的增大,缸内压力的最大值也逐渐增加。

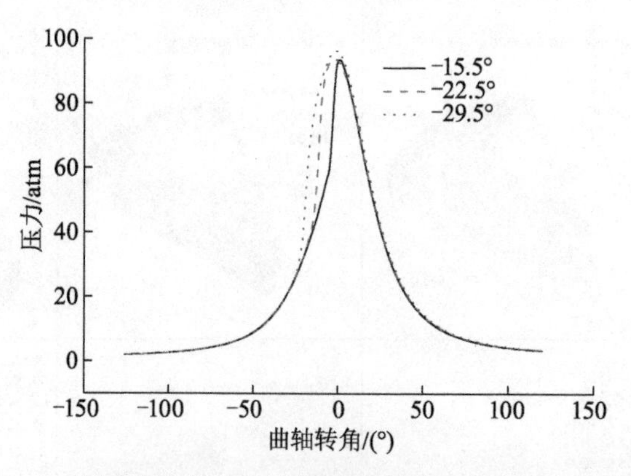

图 4-16 缸内压力随喷油提前角的变化

从图 4-17 中可以看出,喷油提前角越大,CO 生成量的变化时刻出现得越早。喷油开始时,CO 也开始生成。当喷油提前角为-15.5°时,CO 的生成量峰值最大,当喷油提前角为-29.5°时,CO 的生成量峰值最小。在仿真结束阶段,喷油提前角为-29.5°时 CO 生成量最小。

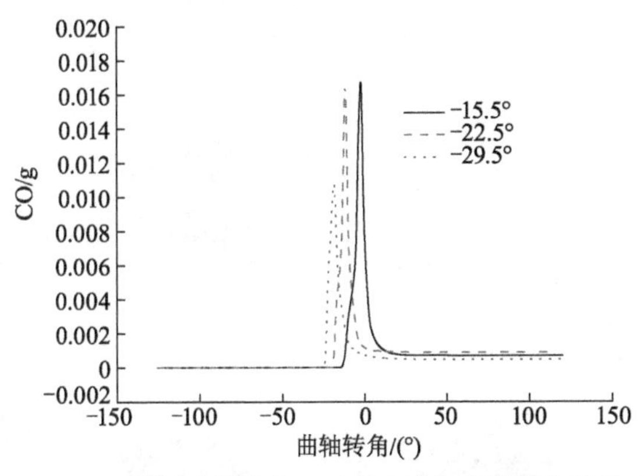

图 4-17　不同喷油提前角下 CO 生成与曲轴转角的关系

表 4-5 显示的是 CO 生成量与喷油提前角关系的三维图,三维图显示的颜色越深,表示 CO 的生成量越多。

表 4-5　不同喷油提前角下 CO 生成量与曲轴转角的关系

曲轴转角/(°)	-15.5°CA	-22.5°CA	-29.5°CA
-18°CA	co Mass Fractions : co Mass Fractions Units: 6.082E-3 4.055E-3 2.027E-3 9.270E-9	co Mass Fractions : co Mass Fractions Units: 4.125E-3 2.750E-3 1.375E-3 2.157E-7	co Mass Fractions : co Mass Fractions Units: 5.944E-3 3.963E-3 1.982E-3 1.353E-7
-12°CA	co Mass Fractions : co Mass Fractions Units: 4.953E-3 3.302E-3 1.651E-3 4.034E-7	co Mass Fractions : co Mass Fractions Units: 3.296E-2 2.198E-2 1.099E-2 1.735E-6	co Mass Fractions : co Mass Fractions Units: 6.340E-3 4.227E-3 2.115E-3 2.656E-6

续表

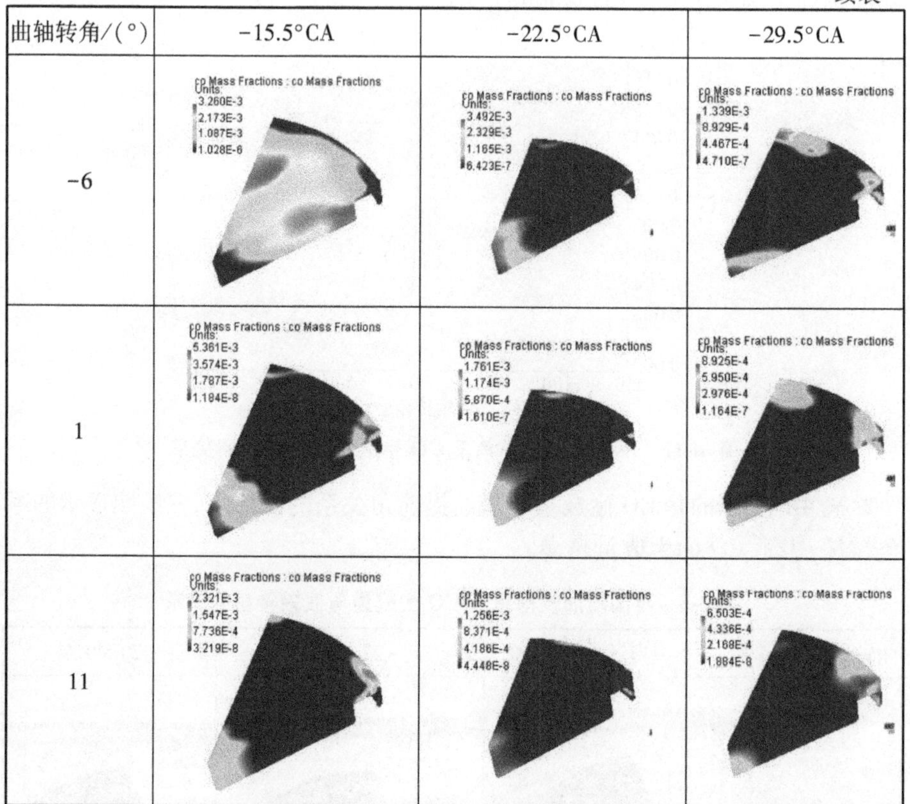

曲轴转角/(°)	−15.5°CA	−22.5°CA	−29.5°CA
−6	co Mass Fractions : co Mass Fractions Units: 3.260E-3 2.173E-3 1.087E-3 1.028E-6	co Mass Fractions : co Mass Fractions Units: 3.492E-3 2.329E-3 1.165E-3 6.423E-7	co Mass Fractions : co Mass Fractions Units: 1.339E-3 8.929E-4 4.467E-4 4.710E-7
1	co Mass Fractions : co Mass Fractions Units: 5.361E-3 3.574E-3 1.787E-3 1.184E-8	co Mass Fractions : co Mass Fractions Units: 1.761E-3 1.174E-3 5.870E-4 1.610E-7	co Mass Fractions : co Mass Fractions Units: 8.925E-4 5.950E-4 2.976E-4 1.164E-7
11	co Mass Fractions : co Mass Fractions Units: 2.321E-3 1.547E-3 7.736E-4 3.219E-8	co Mass Fractions : co Mass Fractions Units: 1.256E-3 8.371E-4 4.186E-4 4.448E-8	co Mass Fractions : co Mass Fractions Units: 6.503E-4 4.336E-4 2.168E-4 1.884E-8

图 4-18 为不同喷油提前角下 CO_2的生成情况曲线。由图可见，在仿真结束阶段，不同喷油提前角下 CO_2生成量数值差别不大。不同喷油提前角下 CO_2 生成量的空间分布情况见表 4-6。

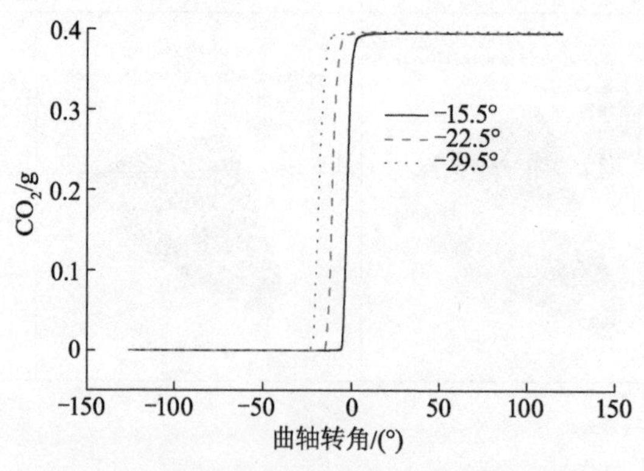

图 4-18　不同喷油提前角下 CO_2生成情况曲线

表 4-6　不同喷油提前角下 CO_2 生成量与曲轴转角的关系

曲轴转角/(°)	−15.5°CA	−22.5°CA	−29.5°CA
−18	co2 Mass Fractions : co2 Mass Fractions Units: 5.503E-4 3.669E-4 1.834E-4 1.630E-10	co2 Mass Fractions : co2 Mass Fractions Units: 3.134E-4 2.090E-4 1.045E-4 4.669E-9	co2 Mass Fractions : co2 Mass Fractions Units: 5.653E-4 3.769E-4 1.884E-4 3.058E-9
−12	co2 Mass Fractions : co2 Mass Fractions Units: 2.219E-3 1.479E-3 7.397E-4 1.482E-8	co2 Mass Fractions : co2 Mass Fractions Units: 9.385E-2 6.257E-2 3.129E-2 5.879E-8	co2 Mass Fractions : co2 Mass Fractions Units: 8.120E-2 5.413E-2 2.707E-2 1.582E-7
−6	co2 Mass Fractions : co2 Mass Fractions Units: 1.563E-3 1.042E-3 5.210E-4 5.236E-8	co2 Mass Fractions : co2 Mass Fractions Units: 8.882E-2 5.922E-2 2.961E-2 4.785E-7	co2 Mass Fractions : co2 Mass Fractions Units: 9.855E-2 6.570E-2 3.285E-2 2.790E-6
1	co2 Mass Fractions : co2 Mass Fractions Units: 6.979E-2 4.652E-2 2.326E-2 2.677E-7	co2 Mass Fractions : co2 Mass Fractions Units: 4.952E-2 3.301E-2 1.651E-2 1.691E-6	co2 Mass Fractions : co2 Mass Fractions Units: 6.301E-2 4.209E-2 2.116E-2 2.416E-4
12	co2 Mass Fractions : co2 Mass Fractions Units: 5.065E-2 3.377E-2 1.689E-2 1.310E-6	co2 Mass Fractions : co2 Mass Fractions Units: 4.677E-2 3.118E-2 1.559E-2 2.595E-6	co2 Mass Fractions : co2 Mass Fractions Units: 5.485E-2 3.703E-2 1.920E-2 1.373E-3

图 4-19、图 4-20 显示了不同喷油提前角下 NO、NO_2 生成情况，这两个组分也是 NO_x 的主要组分，其中 NO 的占比较大。从两图中可见，喷油提前角为 −15.5°时 NO 和 NO_2 生成量都较少，喷油提前角为−22.5°时 NO 生成量最多，喷油提前角为−29.5°时 NO 生成量又有所减少，这说明有一个较为合适的喷油提前角可以减少 NO_x 的排放。

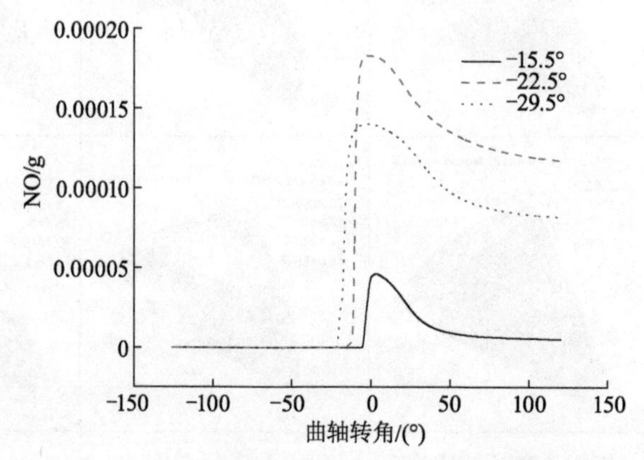

图 4-19　不同喷油提前角下 NO 生成与曲轴转角的关系

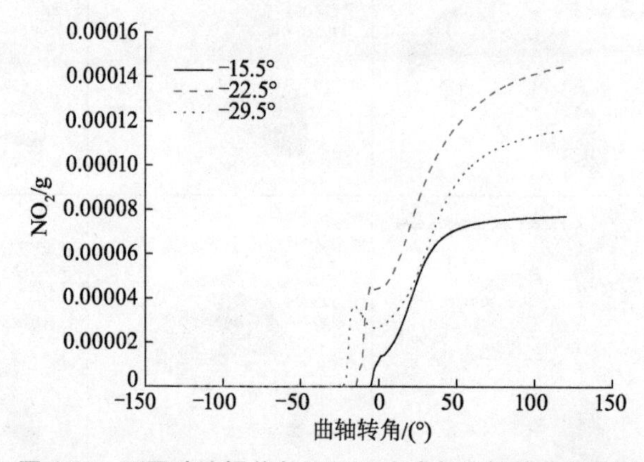

图 4-20　不同喷油提前角下 NO_2 生成与曲轴转角的关系

表 4-7 和表 4-8 为不同喷油提前角下 NO、NO_2 生成量的三维图。

表 4-7　不同喷油提前角下 NO 生成量与曲轴转角的关系

曲轴转角/(°)	−15.5°CA	−22.5°CA	−29.5°CA
−18	no Mass Fractions : no Mass Fractions Units: 2.184E-17 1.456E-17 7.281E-18 1.556E-23	no Mass Fractions : no Mass Fractions Units: 8.529E-16 5.686E-16 2.843E-16 9.010E-22	no Mass Fractions : no Mass Fractions Units: 7.685E-17 5.123E-17 2.562E-17 2.107E-22
−12	no Mass Fractions : no Mass Fractions Units: 4.294E-13 2.863E-13 1.431E-13 7.464E-21	no Mass Fractions : no Mass Fractions Units: 6.106E-5 4.071E-5 2.035E-5 1.019E-16	no Mass Fractions : no Mass Fractions Units: 2.542E-5 1.695E-5 8.473E-6 1.921E-13
−6	no Mass Fractions : no Mass Fractions Units: 4.324E-14 2.883E-14 1.442E-14 2.433E-18	no Mass Fractions : no Mass Fractions Units: 5.015E-5 3.344E-5 1.672E-5 1.949E-12	no Mass Fractions : no Mass Fractions Units: 5.860E-5 3.907E-5 1.953E-5 7.164E-13
1	no Mass Fractions : no Mass Fractions Units: 3.595E-6 2.397E-6 1.198E-6 1.770E-17	no Mass Fractions : no Mass Fractions Units: 2.197E-5 1.465E-5 7.324E-6 7.687E-13	no Mass Fractions : no Mass Fractions Units: 2.993E-5 1.995E-5 9.975E-6 9.097E-12

续表

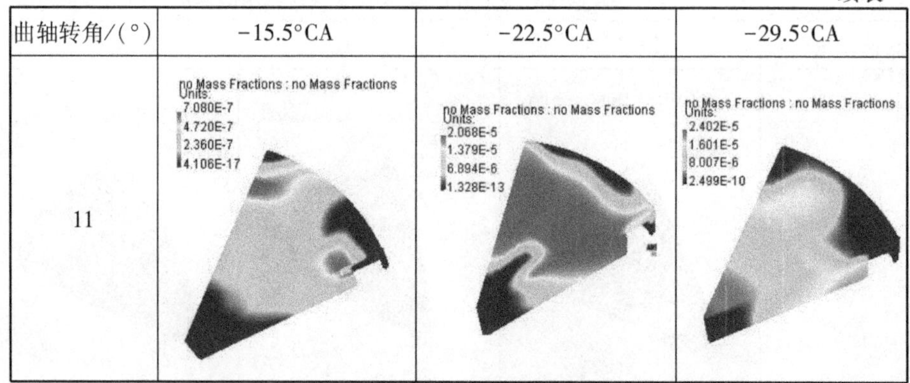

曲轴转角/(°)	−15.5°CA	−22.5°CA	−29.5°CA
11			

表 4-8　不同喷油提前角下 NO_2 生成量与曲轴转角的关系

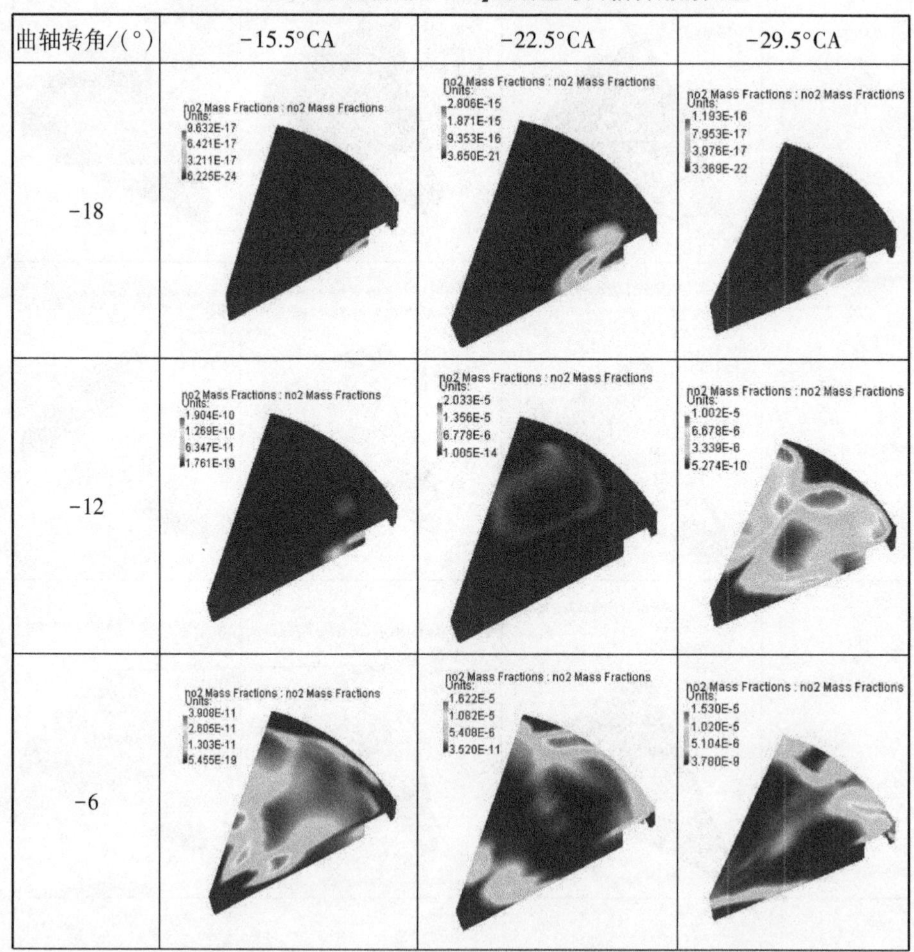

曲轴转角/(°)	−15.5°CA	−22.5°CA	−29.5°CA
−18			
−12			
−6			

续表

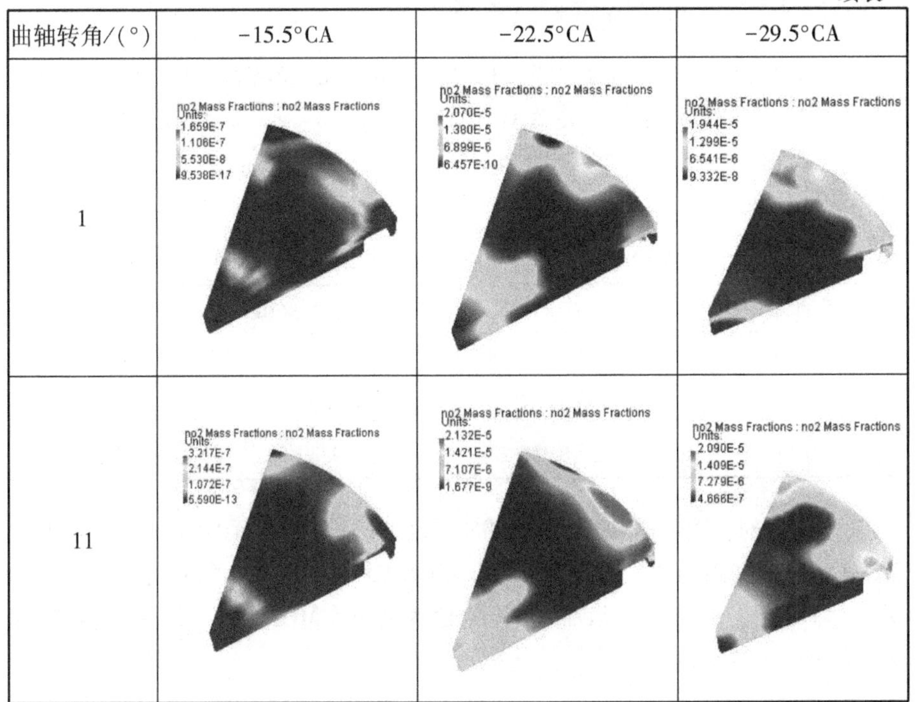

曲轴转角/(°)	−15.5°CA	−22.5°CA	−29.5°CA
1			
11			

图 4-21 表示了喷油提前角变化对 soot 生成量的影响。soot 的生成较为复杂，本章计算中，soot 的生成量计算利用了半经验公式，构建了含有 soot 的机理文件，可以看到，在仿真结束阶段，不同喷油提前角下 soot 的生成量差别不大。

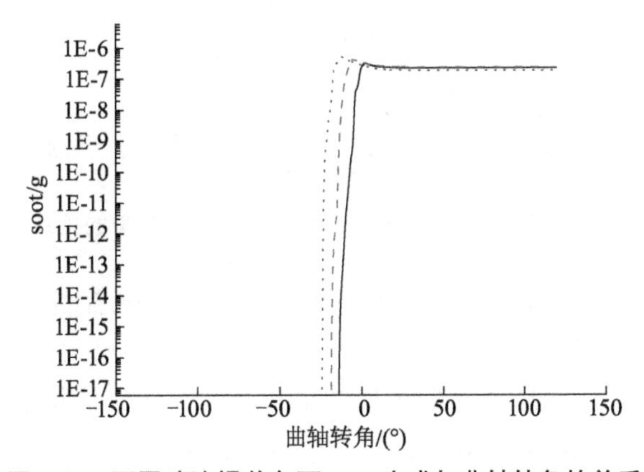

图 4-21　不同喷油提前角下 soot 生成与曲轴转角的关系

4.4.2 喷油量对燃烧进程的影响

柴油机要更好地发挥动力性,并且保证燃油的经济性,就需要选择合适的喷油量。本节选取了喷油量为 0.10 g、0.13 g、0.14 g 三种情况,研究不同喷油量对柴油机燃烧及排放性能的影响。表 4-9 为不同喷油量下发动机几个重要参数的比较。

表 4-9 不同喷油量对发动机关键参数的影响

喷油量/g	功率/kW	缸内最大压力/MPa	缸内最高温度/K
0.10	19.17	8.496	1362.040
0.13	20.997	9.702	1544.167
0.14	22.830	9.936	1578.322

图 4-22 对三种不同喷油量时缸内压力进行对比。由图可以看出,喷油量为 0.14 g 时,缸内压力最大,峰值达到 9.936 MPa,将近 100 个大气压。当喷油量在 0.12 g 时,缸内压力最小,峰值数值为 8.496 MPa。也就是说,随着喷油量的增加,缸内压力也在增大。

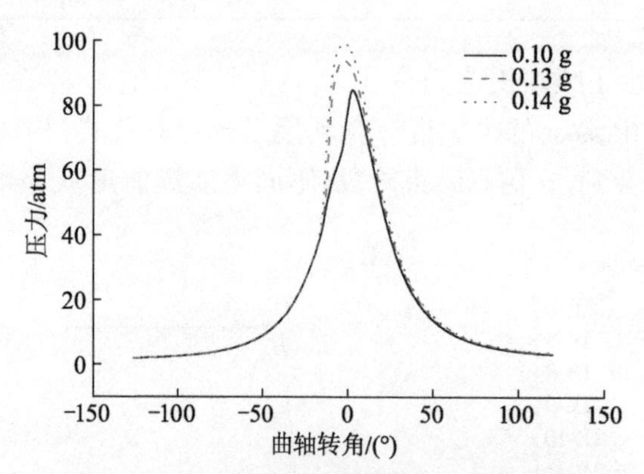

图 4-22 喷油量不同时缸内压力与曲轴转角的关系

图 4-23 显示了不同喷油量下缸内温度的变化。随着喷油量的增大,缸内的燃烧温度升高。0.1 g 喷油量工况下,燃料的起始燃烧时刻有所延迟,温度的总体曲线较其余两工况也有较大幅度下降。不同喷油量下对应的缸内温度的空间分布情况见表 4-10。

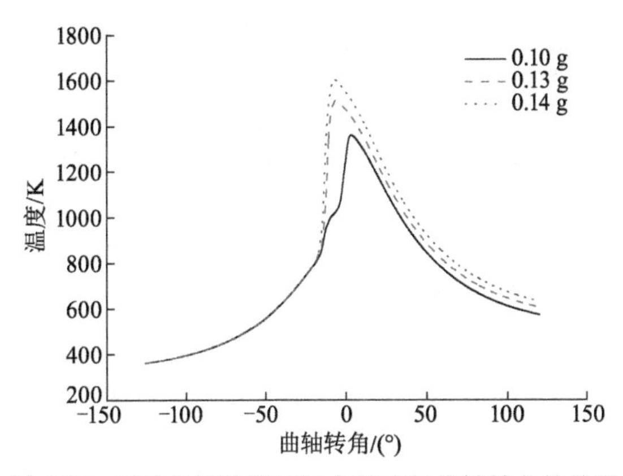

图 4-23　不同的喷油量下缸内温度与曲轴转角的关系

表 4-10　不同喷油量下缸内温度的空间分布

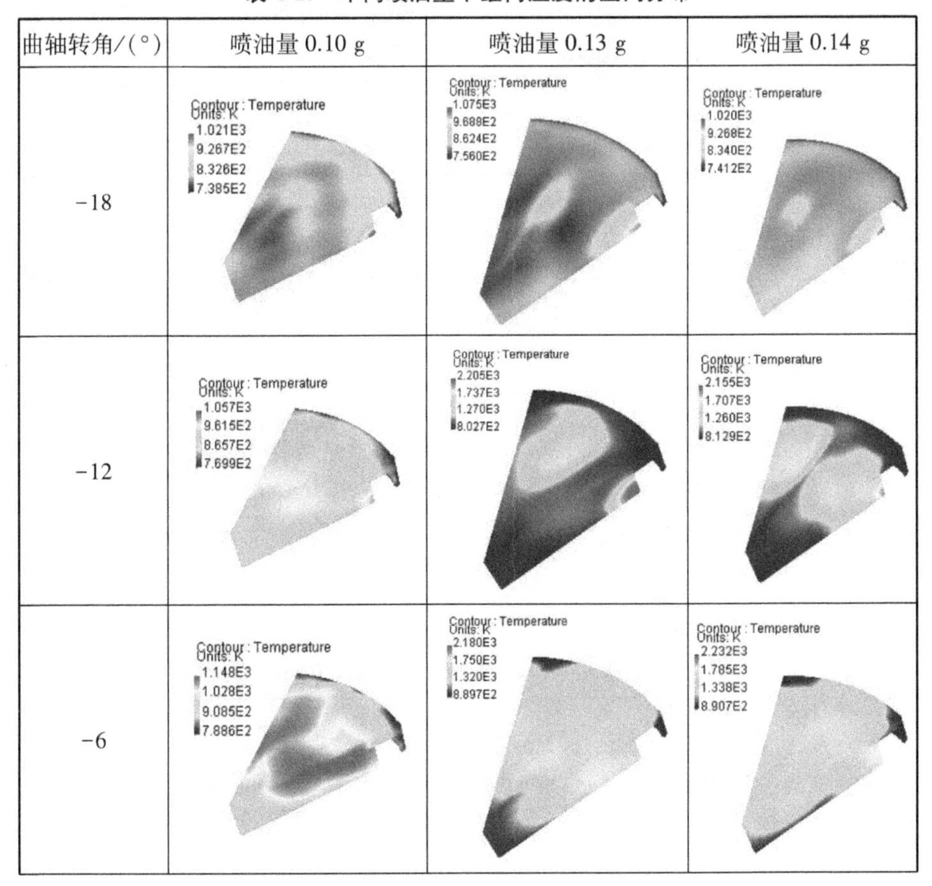

曲轴转角/(°)	喷油量 0.10 g	喷油量 0.13 g	喷油量 0.14 g
−18	Contour : Temperature Units: K 1.021E3 9.267E2 8.326E2 7.385E2	Contour : Temperature Units: K 1.075E3 9.688E2 8.624E2 7.560E2	Contour : Temperature Units: K 1.020E3 9.268E2 8.340E2 7.412E2
−12	Contour : Temperature Units: K 1.057E3 9.615E2 8.657E2 7.699E2	Contour : Temperature Units: K 2.205E3 1.737E3 1.270E3 8.027E2	Contour : Temperature Units: K 2.155E3 1.707E3 1.260E3 8.129E2
−6	Contour : Temperature Units: K 1.148E3 1.028E3 9.085E2 7.886E2	Contour : Temperature Units: K 2.180E3 1.750E3 1.320E3 8.897E2	Contour : Temperature Units: K 2.232E3 1.785E3 1.338E3 8.907E2

续表

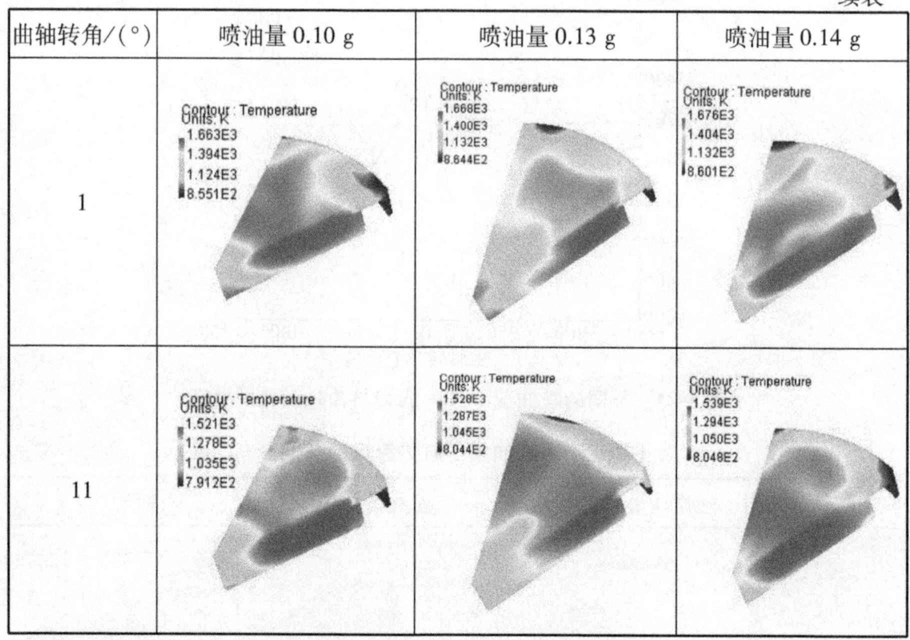

曲轴转角/(°)	喷油量 0.10 g	喷油量 0.13 g	喷油量 0.14 g
1	Contour : Temperature Units: K 1.663E3 1.394E3 1.124E3 8.551E2	Contour : Temperature Units: K 1.668E3 1.400E3 1.132E3 8.644E2	Contour : Temperature Units: K 1.676E3 1.404E3 1.132E3 8.601E2
11	Contour : Temperature Units: K 1.521E3 1.278E3 1.035E3 7.912E2	Contour : Temperature Units: K 1.528E3 1.287E3 1.045E3 8.044E2	Contour : Temperature Units: K 1.539E3 1.294E3 1.050E3 8.048E2

图 4-24 显示了三种不同的喷油量下 CO 的生成量情况。表 4-11 为不同喷油量下 CO 生成量变化的三维图,三维图的颜色越深,就表示 CO 生成量越大。

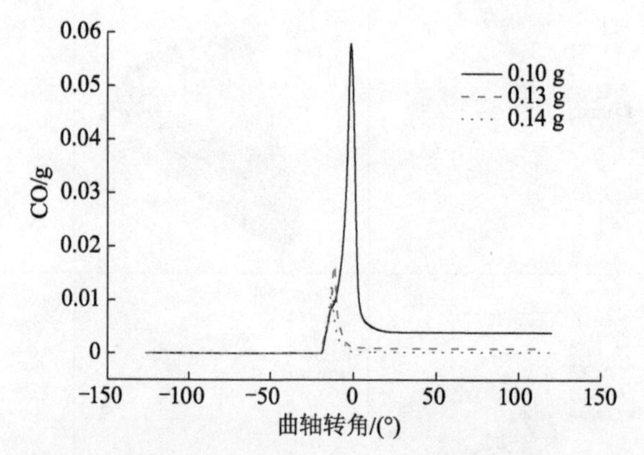

图 4-24　不同喷油量下 CO 的生成量与曲轴转角的关系

表 4-11　不同喷油量下 CO 生成量与曲轴转角的关系

曲轴转角/(°)	喷油量 0.10 g	喷油量 0.13 g	喷油量 0.14 g
−18	co Mass Fractions : co Mass Fractions Units: 8.418E-3 5.612E-3 2.806E-3 1.498E-7	co Mass Fractions : co Mass Fractions Units: 4.125E-3 2.750E-3 1.375E-3 2.157E-7	co Mass Fractions : co Mass Fractions Units: 6.849E-3 4.566E-3 2.283E-3 2.421E-8
−12	co Mass Fractions : co Mass Fractions Units: 2.375E-3 1.584E-3 7.926E-4 1.434E-6	co Mass Fractions : co Mass Fractions Units: 3.296E-2 2.198E-2 1.099E-2 1.735E-6	co Mass Fractions : co Mass Fractions Units: 1.488E-2 9.919E-3 4.960E-3 1.635E-6
−6	co Mass Fractions : co Mass Fractions Units: 4.821E-3 3.215E-3 1.609E-3 3.020E-6	co Mass Fractions : co Mass Fractions Units: 3.492E-3 2.329E-3 1.165E-3 6.423E-7	co Mass Fractions : co Mass Fractions Units: 2.396E-3 1.598E-3 7.990E-4 3.947E-7
1	co Mass Fractions : co Mass Fractions Units: 4.615E-3 3.077E-3 1.538E-3 8.346E-8	co Mass Fractions : co Mass Fractions Units: 1.761E-3 1.174E-3 5.870E-4 1.610E-7	co Mass Fractions : co Mass Fractions Units: 1.969E-3 1.313E-3 6.564E-4 1.533E-7
11	co Mass Fractions : co Mass Fractions Units: 2.972E-3 1.981E-3 9.907E-4 4.353E-8	co Mass Fractions : co Mass Fractions Units: 1.256E-3 8.371E-4 4.186E-4 4.448E-8	co Mass Fractions : co Mass Fractions Units: 1.657E-3 1.105E-3 5.524E-4 3.642E-8

图 4-25 显示，当喷油量为 0.10 g 时，最大 CO_2生成量为 0.365 g；当喷油量为 0. 13 g 时，最大 CO_2生成量为 0.398 g；当喷油量为 0.14 g 时，最大 CO_2生成量为 0. 429 g。可以看出，CO_2的生成量随着喷油量的增加而增加。

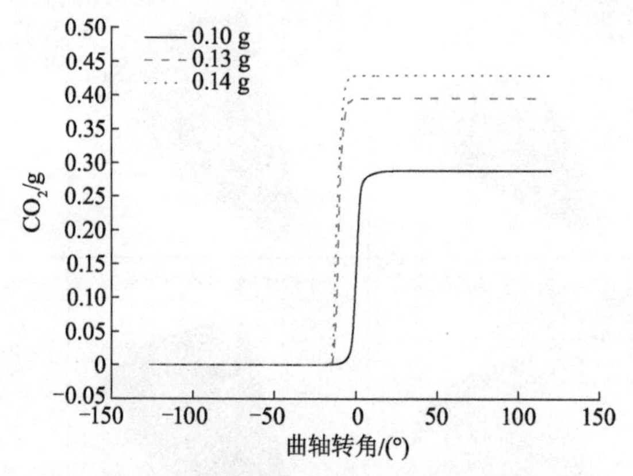

图 4-25　不同喷油量下 CO_2的生成变化

表 4-12 是不同喷油量时 CO_2生成量的变化三维图，三维图中颜色越深，就代表 CO_2生成的越多。选取喷油完成时曲轴转角在−5.9863°进行 CO_2生成量的对比，当喷油量为 0.14 g 时，CO_2的生成量最多，喷油量 0.13 g 时次之，喷油量 0.10 g 时最少。

表 4-12　不同喷油量下 CO_2生成量与曲轴转角的关系

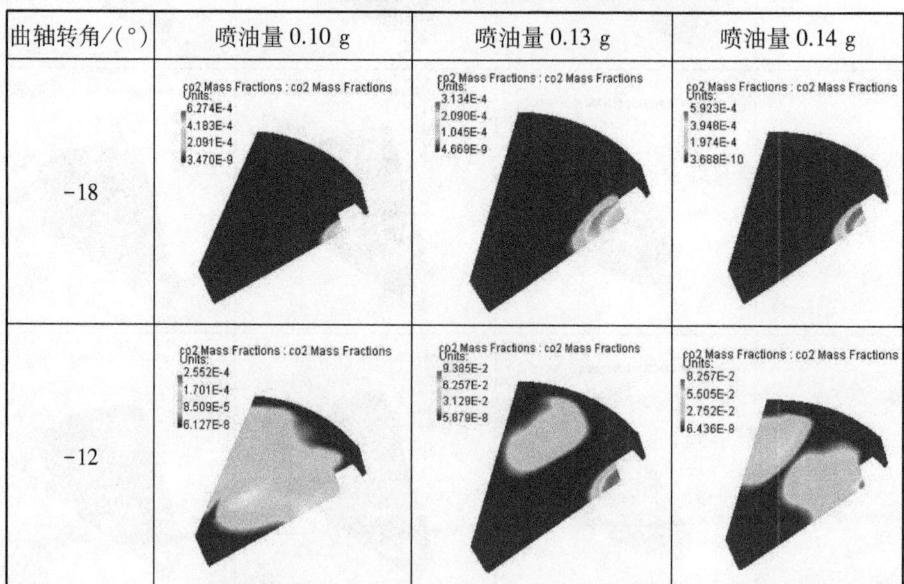

曲轴转角/(°)	喷油量 0.10 g	喷油量 0.13 g	喷油量 0.14 g
−18	co2 Mass Fractions : co2 Mass Fractions Units: 6.274E-4 4.183E-4 2.091E-4 3.470E-9	co2 Mass Fractions : co2 Mass Fractions Units: 3.134E-4 2.090E-4 1.045E-4 4.669E-9	co2 Mass Fractions : co2 Mass Fractions Units: 5.923E-4 3.948E-4 1.974E-4 3.688E-10
−12	co2 Mass Fractions : co2 Mass Fractions Units: 2.552E-4 1.701E-4 8.509E-5 6.127E-8	co2 Mass Fractions : co2 Mass Fractions Units: 9.385E-2 6.257E-2 3.128E-2 5.879E-8	co2 Mass Fractions : co2 Mass Fractions Units: 8.257E-2 5.505E-2 2.752E-2 6.436E-8

续表

曲轴转角/(°)	喷油量 0.10 g	喷油量 0.13 g	喷油量 0.14 g
−6	co2 Mass Fractions : co2 Mass Fractions Units: 2.661E-3 1.774E-3 8.872E-4 1.828E-7	co2 Mass Fractions : co2 Mass Fractions Units: 8.882E-2 5.922E-2 2.961E-2 4.785E-7	co2 Mass Fractions : co2 Mass Fractions Units: 9.400E-2 6.267E-2 3.134E-2 8.101E-7
1	co2 Mass Fractions : co2 Mass Fractions Units: 4.524E-2 3.016E-2 1.508E-2 1.013E-6	co2 Mass Fractions : co2 Mass Fractions Units: 4.952E-2 3.301E-2 1.651E-2 1.691E-6	co2 Mass Fractions : co2 Mass Fractions Units: 6.130E-2 4.087E-2 2.043E-2 2.791E-6
11	co2 Mass Fractions : co2 Mass Fractions Units: 4.187E-2 2.791E-2 1.396E-2 2.255E-6	co2 Mass Fractions : co2 Mass Fractions Units: 4.677E-2 3.118E-2 1.559E-2 2.595E-6	co2 Mass Fractions : co2 Mass Fractions Units: 5.238E-2 3.492E-2 1.746E-2 4.525E-6

氮氧化合物(NO_x)是柴油机排放的主要污染物之一。酸雨的形成与氮氧化物的排放有一定联系,NO_x还会对动物植物产生危害,甚至威胁人体的中枢神经,因此必须要对 NO_x的排放进行控制。柴油机一氧化碳(CO)和碳氢化合物(HC)的排放比汽油机低一些,但是由于柴油机燃烧比较剧烈,温度较高,导致 NO_x生成较多。图 4-26、图 4-27 显示了不同喷油量下 NO、NO_2生成量与曲轴转角的关系。由图可见,0.10 g 喷油量工况下 NO 生成量较少,此工况下缸内温度比较低,随着喷油量的增加,缸内温度升高,NO 的生成量也急剧增多。

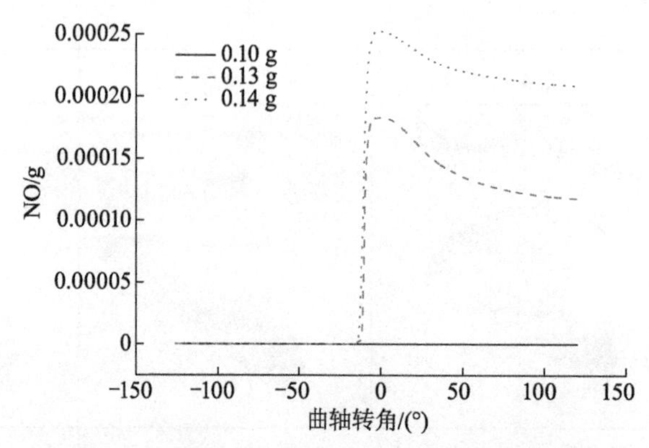

图 4-26　不同喷油量下 NO 生成量与曲轴转角的关系

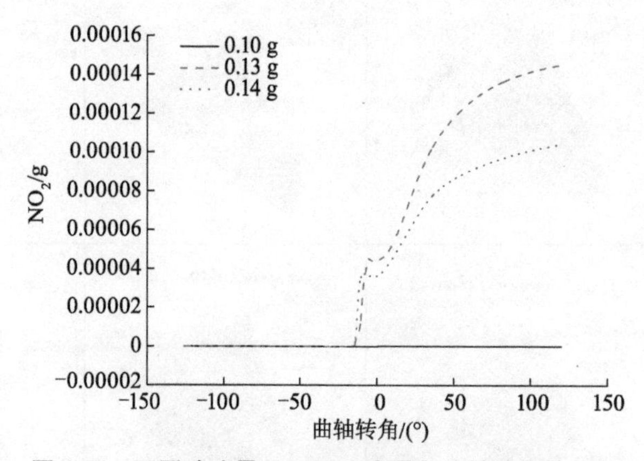

图 4-27　不同喷油量下 NO_2 生成量与曲轴转角的关系

表 4-13、表 4-14 显示了在不同喷油量下 NO、NO_2 生成量的三维图，三维图中颜色越深，就代表 NO、NO_2 的生成量越多。

表 4-13　不同喷油量下 NO 生成量与曲轴转角的关系

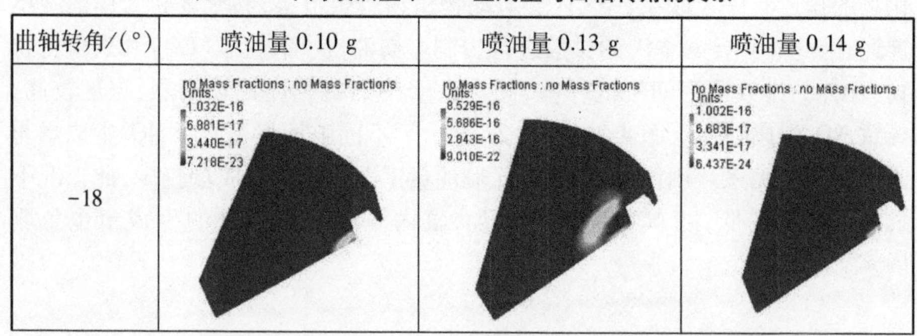

曲轴转角/(°)	喷油量 0.10 g	喷油量 0.13 g	喷油量 0.14 g
−18	no Mass Fractions : no Mass Fractions Units: 1.032E-16 6.881E-17 3.440E-17 7.218E-23	no Mass Fractions : no Mass Fractions Units: 8.529E-16 5.686E-16 2.843E-16 9.010E-22	no Mass Fractions : no Mass Fractions Units: 1.002E-16 6.683E-17 3.341E-17 6.437E-24

续表

曲轴转角/(°)	喷油量 0.10 g	喷油量 0.13 g	喷油量 0.14 g
-12	no Mass Fractions : no Mass Fractions Units: 1.337E-16 8.916E-17 4.464E-17 1.138E-19	no Mass Fractions : no Mass Fractions Units: 6.106E-5 4.071E-5 2.035E-5 1.019E-16	no Mass Fractions : no Mass Fractions Units: 4.625E-5 3.083E-5 1.542E-5 1.058E-15
-6	no Mass Fractions : no Mass Fractions Units: 3.416E-14 2.277E-14 1.139E-14 1.029E-18	no Mass Fractions : no Mass Fractions Units: 5.015E-5 3.344E-5 1.672E-5 1.949E-12	no Mass Fractions : no Mass Fractions Units: 1.054E-4 7.028E-5 3.514E-5 5.809E-13
1	no Mass Fractions : no Mass Fractions Units: 1.540E-7 1.026E-7 5.132E-8 1.089E-18	no Mass Fractions : no Mass Fractions Units: 2.197E-5 1.465E-5 7.324E-6 7.687E-13	no Mass Fractions : no Mass Fractions Units: 5.591E-5 3.727E-5 1.864E-5 6.078E-13
11	no Mass Fractions : no Mass Fractions Units: 1.481E-7 9.872E-8 4.936E-8 6.507E-19	no Mass Fractions : no Mass Fractions Units: 2.068E-5 1.379E-5 6.894E-6 1.328E-13	no Mass Fractions : no Mass Fractions Units: 4.580E-5 3.053E-5 1.527E-5 8.413E-13

表 4-14　不同喷油量下 NO_2 生成量与曲轴转角的关系

曲轴转角/(°)	喷油量 0.10 g	喷油量 0.13 g	喷油量 0.14 g
−18	no2 Mass Fractions : no2 Mass Fractions Units: 1.301E-15 8.676E-16 4.338E-16 2.029E-22	no2 Mass Fractions : no2 Mass Fractions Units: 2.806E-15 1.871E-15 9.353E-16 3.650E-21	no2 Mass Fractions : no2 Mass Fractions Units: 2.742E-16 1.828E-16 9.142E-17 7.041E-24
−12	no2 Mass Fractions : no2 Mass Fractions Units: 2.192E-14 1.461E-14 7.307E-15 4.859E-19	no2 Mass Fractions : no2 Mass Fractions Units: 2.033E-5 1.356E-5 6.778E-6 1.005E-14	no2 Mass Fractions : no2 Mass Fractions Units: 1.128E-5 7.521E-6 3.761E-6 1.060E-10
−6	no2 Mass Fractions : no2 Mass Fractions Units: 2.859E-12 1.906E-12 9.531E-13 4.101E-18	no2 Mass Fractions : no2 Mass Fractions Units: 1.622E-5 1.082E-5 5.408E-6 3.520E-11	no2 Mass Fractions : no2 Mass Fractions Units: 4.180E-5 2.786E-5 1.393E-5 4.830E-10
1	no2 Mass Fractions : no2 Mass Fractions Units: 4.454E-8 2.969E-8 1.485E-8 6.598E-16	no2 Mass Fractions : no2 Mass Fractions Units: 2.070E-5 1.380E-5 6.899E-6 6.457E-10	no2 Mass Fractions : no2 Mass Fractions Units: 4.208E-5 2.805E-5 1.403E-5 1.301E-9
11	no2 Mass Fractions : no2 Mass Fractions Units: 7.404E-8 4.936E-8 2.468E-8 1.117E-13	no2 Mass Fractions : no2 Mass Fractions Units: 2.132E-5 1.421E-5 7.107E-6 1.677E-9	no2 Mass Fractions : no2 Mass Fractions Units: 5.541E-5 3.694E-5 1.847E-5 2.145E-9

图 4-28 表示不同喷油量工况下化学放热速率的变化。由图可见，0.10 g 喷油量工况下，化学放热速率的峰值较小，说明其反应较慢，而 0.13 g 和 0.14 g 工况下的化学放热速率较快，两者相差不大。另外，0.10 g 喷油量工况下的化学放热速率曲线较其余两条曲线有较大幅度的后移，说明其反应起始时刻也相对滞后。

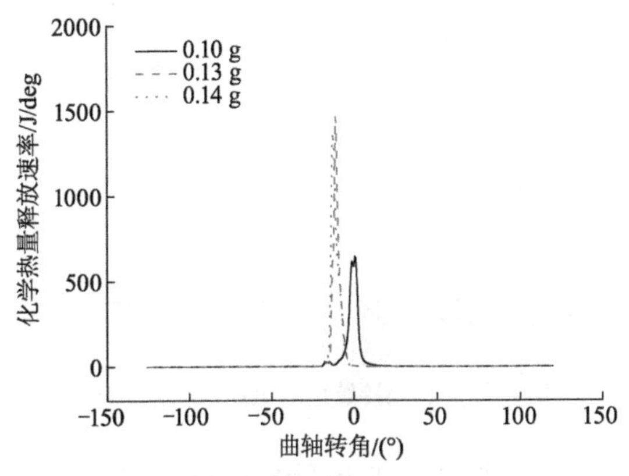

图 4-28　不同喷油量下化学放热速率的变化

4.4.3　喷油持续期对燃烧过程的影响

喷油持续期对应着喷油曲线的起始和结束，这一时间长度主要受到喷油量、喷油压力、喷油嘴针阀动作等参数的影响。计算中，喷油嘴的动作形态保持一致，采用正弦曲线，喷油量也一样，只改变喷油持续时间，仿真得到的柴油发动机主要参数见表 4-15。

表 4-15　不同喷油持续期对柴油机重要参数的影响

持续期	功率/kW	缸内最大压力/MPa	缸内最高温度/K
18°CA	20.13	9.385	1513.130
14°CA	25.04	10.578	1743.728
10°CA	45.50	15.002	2591.800

喷油持续期对柴油机缸内燃烧的影响很大，喷油持续期越短，则需要提供的油压越高。需要说明的是，本例中 10°CA 工况下的持续时间已经很短，柴油机在实际工作时几乎无法达到这一工况，但在仿真时可以用这一工况作为参照。本节选取 18°CA、14°CA、10°CA 三个喷油持续期进行仿真，分析对比不同喷油持续期对柴油机缸内燃烧过程的影响。

图 4-29 可显示喷油持续期对缸内压力的影响。由图可见,喷油持续期越短,则缸内压力越高,缸内燃油的雾化效果越好,柴油越容易和空气形成均质燃料-空气混合物,促进燃烧快速进行。

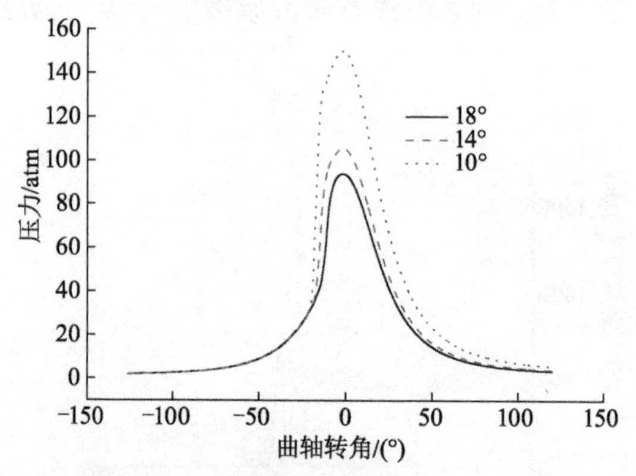

图 4-29 喷油持续期对缸压压力的影响

图 4-30 可显示喷油持续期对缸内温度的影响。喷油持续期越短,越能促进缸内油气的混合,缸内燃烧状况越好,从而提高缸内的燃烧温度。

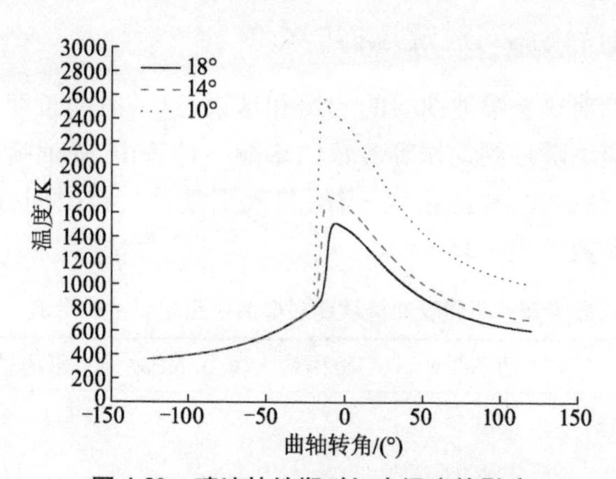

图 4-30 喷油持续期对缸内温度的影响

二维图表现的只是缸内的平均温度值,并不能直观地看到缸内哪里的温度高哪里的温度低,因此仿真生成了更为直观的三维图。表 4-16 为不同喷油持续期下缸内温度变化的三维图,温度三维图所呈现出的颜色越深,就代表此处温度越高。

表 4-16　不同喷油持续期下气缸内温度空间分布情况

曲轴转角/(°)	18°CA	14°CA	10°CA
−18	Contour : Temperature Units: K 1.108E3 9.649E2 8.220E2 6.792E2	Contour : Temperature Units: K 1.075E3 9.688E2 8.624E2 7.560E2	Contour : Temperature Units: K 9.726E2 8.914E2 8.103E2 7.291E2
−12	Contour : Temperature Units: K 2.687E3 2.073E3 1.459E3 8.451E2	Contour : Temperature Units: K 2.205E3 1.737E3 1.270E3 8.027E2	Contour : Temperature Units: K 1.757E3 1.448E3 1.140E3 8.308E2
−6	Contour : Temperature Units: K 2.275E3 1.820E3 1.366E3 9.109E2	Contour : Temperature Units: K 2.180E3 1.750E3 1.320E3 8.897E2	Contour : Temperature Units: K 2.128E3 1.706E3 1.285E3 8.632E2
1	Contour : Temperature Units: K 1.866E3 1.541E3 1.216E3 8.912E2	Contour : Temperature Units: K 1.668E3 1.400E3 1.132E3 8.644E2	Contour : Temperature Units: K 1.661E3 1.388E3 1.115E3 8.418E2
11	Contour : Temperature Units: K 1.672E3 1.386E3 1.101E3 8.149E2	Contour : Temperature Units: K 1.528E3 1.287E3 1.045E3 8.044E2	Contour : Temperature Units: K 1.536E3 1.304E3 1.072E3 8.406E2

图 4-31 为不同喷油持续期对 CO 生成量的影响。表 4-17 为不同喷油持续期下 CO 生成量变化三维图。

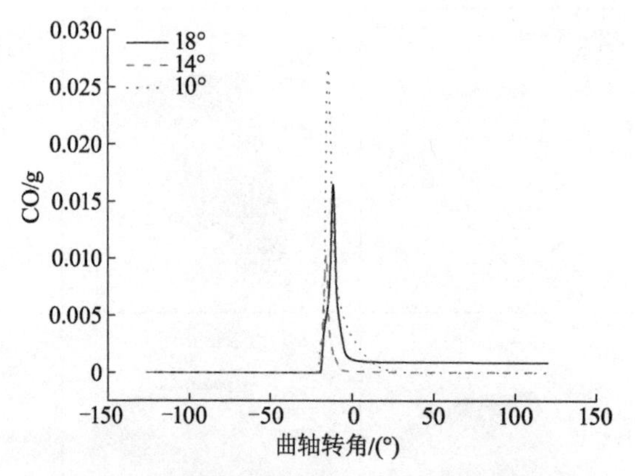

图 4-31 不同喷油持续期下 CO 生成量的变化

表 4-17 不同喷油持续期下 CO 生成量的变化

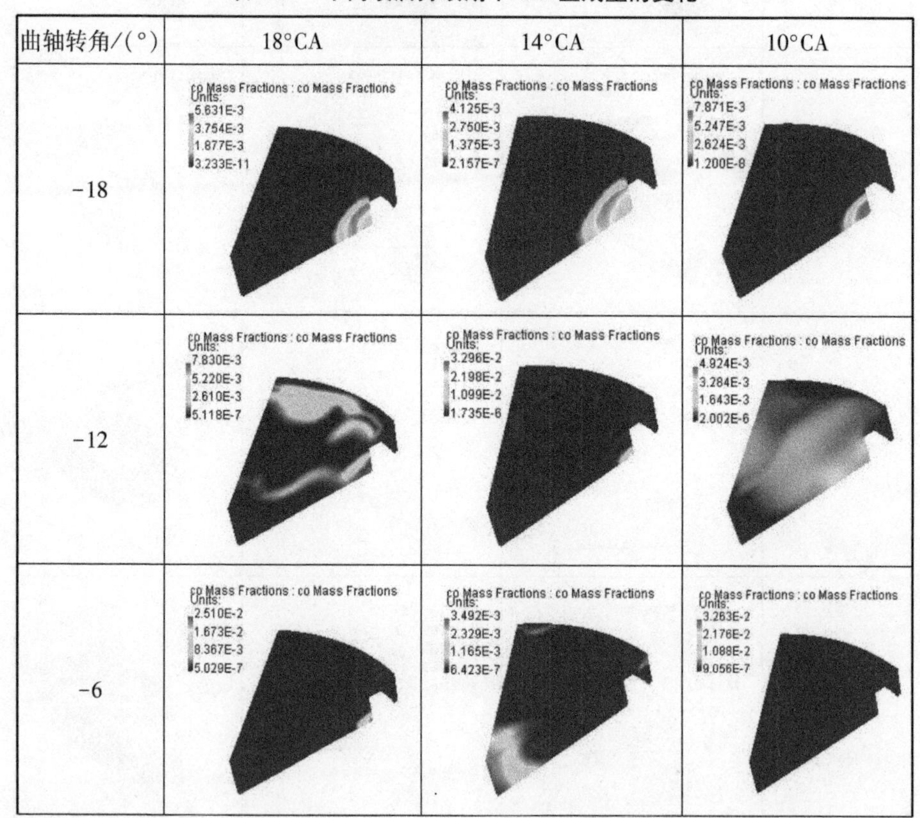

曲轴转角/(°)	18°CA	14°CA	10°CA
−18	co Mass Fractions : co Mass Fractions Units: 5.631E-3 3.754E-3 1.877E-3 3.233E-11	co Mass Fractions : co Mass Fractions Units: 4.125E-3 2.750E-3 1.375E-3 2.157E-7	co Mass Fractions : co Mass Fractions Units: 7.871E-3 5.247E-3 2.624E-3 1.200E-8
−12	co Mass Fractions : co Mass Fractions Units: 7.830E-3 5.220E-3 2.610E-3 5.118E-7	co Mass Fractions : co Mass Fractions Units: 3.296E-2 2.198E-2 1.099E-2 1.735E-6	co Mass Fractions : co Mass Fractions Units: 4.924E-3 3.284E-3 1.643E-3 2.002E-6
−6	co Mass Fractions : co Mass Fractions Units: 2.510E-2 1.673E-2 8.367E-3 5.029E-7	co Mass Fractions : co Mass Fractions Units: 3.492E-3 2.329E-3 1.165E-3 6.423E-7	co Mass Fractions : co Mass Fractions Units: 3.263E-2 2.176E-2 1.088E-2 9.056E-7

续表

曲轴转角/(°)	18°CA	14°CA	10°CA
1	co Mass Fractions : co Mass Fractions Units: 1.329E-3 8.859E-4 4.431E-4 2.526E-7	co Mass Fractions : co Mass Fractions Units: 1.761E-3 1.174E-3 5.870E-4 1.610E-7	co Mass Fractions : co Mass Fractions Units: 1.422E-3 9.480E-4 4.741E-4 1.740E-7
11	co Mass Fractions : co Mass Fractions Units: 2.811E-4 1.874E-4 9.378E-5 1.302E-7	co Mass Fractions : co Mass Fractions Units: 1.256E-3 8.371E-4 4.186E-4 4.448E-8	co Mass Fractions : co Mass Fractions Units: 9.115E-4 6.077E-4 3.038E-4 1.615E-8

图 4-32 显示了不同喷油持续期对 CO_2 生成量的影响。表 4-18 为不同喷油持续期下 CO_2 生成量变化三维图。

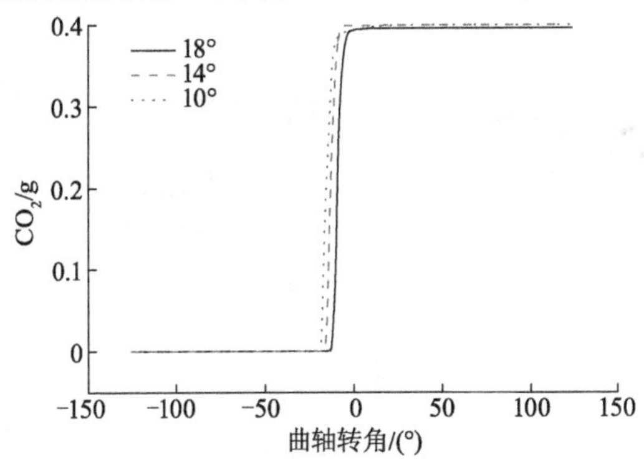

图 4-32　不同喷油持续期下 CO_2 生成量的变化

表 4-18　不同喷油持续期下 CO_2 生成量的变化

曲轴转角/(°)	18°CA	14°CA	10°CA
−18	co2 Mass Fractions : co2 Mass Fractions Units: 5.315E-4 3.543E-4 1.772E-4 3.299E-13	co2 Mass Fractions : co2 Mass Fractions Units: 3.134E-4 2.090E-4 1.045E-4 4.669E-9	co2 Mass Fractions : co2 Mass Fractions Units: 5.443E-4 3.629E-4 1.814E-4 2.289E-10

续表

曲轴转角/(°)	18°CA	14°CA	10°CA
-12	co2 Mass Fractions : co2 Mass Fractions Units: 8.089E-2 5.393E-2 2.696E-2 1.774E-8	co2 Mass Fractions : co2 Mass Fractions Units: 9.385E-2 6.257E-2 3.129E-2 5.879E-8	co2 Mass Fractions : co2 Mass Fractions Units: 1.020E-2 6.800E-3 3.400E-3 1.970E-7
-6	co2 Mass Fractions : co2 Mass Fractions Units: 9.594E-2 6.396E-2 3.198E-2 6.184E-7	co2 Mass Fractions : co2 Mass Fractions Units: 8.882E-2 5.922E-2 2.961E-2 4.785E-7	co2 Mass Fractions : co2 Mass Fractions Units: 9.798E-2 6.531E-2 3.265E-2 3.066E-6
1	co2 Mass Fractions : co2 Mass Fractions Units: 7.907E-2 5.271E-2 2.636E-2 1.755E-6	co2 Mass Fractions : co2 Mass Fractions Units: 4.952E-2 3.301E-2 1.651E-2 1.691E-6	co2 Mass Fractions : co2 Mass Fractions Units: 5.379E-2 3.616E-2 1.853E-2 9.034E-4
11	co2 Mass Fractions : co2 Mass Fractions Units: 6.666E-2 4.444E-2 2.222E-2 2.588E-6	co2 Mass Fractions : co2 Mass Fractions Units: 4.677E-2 3.118E-2 1.559E-2 2.595E-6	co2 Mass Fractions : co2 Mass Fractions Units: 4.515E-2 3.442E-2 2.369E-2 1.296E-2

喷油持续期变化对 NO_x 生成的影响如图 4-33 和图 4-34 所示。随着喷油持续期的缩短，NO 的生成量有一定的增加，这主要是由于缸内温度增高。其对应的三维空间分布情况见表 4-19 和表 4-20。

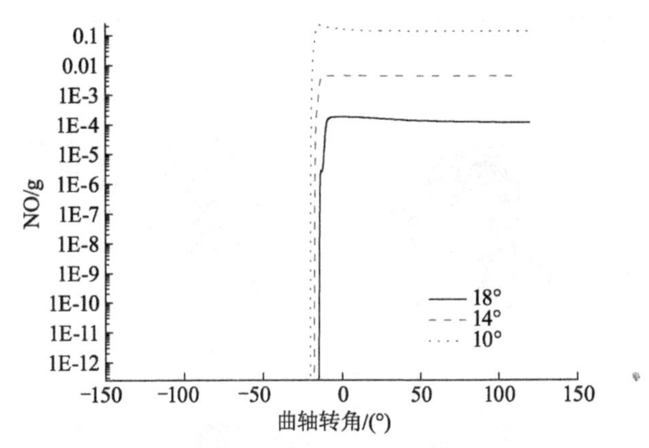

图 4-33　不同喷油持续期下 NO 生成量的变化

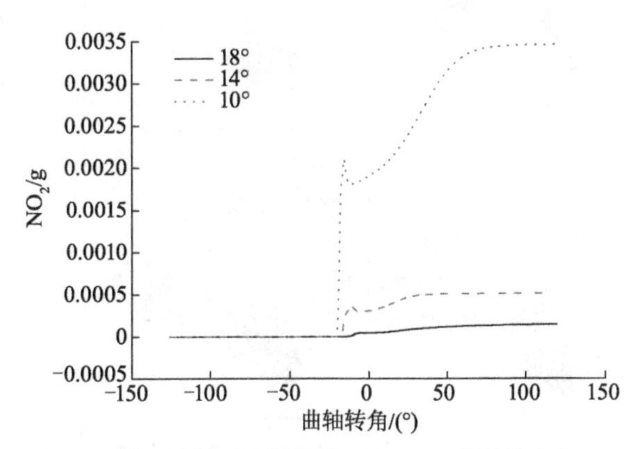

图 4-34　不同喷油持续期下 NO_2 生成量的变化

表 4-19　不同喷油持续期下 NO 生成量的变化

曲轴转角/(°)	18°CA	14°CA	10°CA
-18	no Mass Fractions : no Mass Fractions Units: 4.495E-16 2.996E-16 1.498E-16 5.262E-28	no Mass Fractions : no Mass Fractions Units: 1.248E-14 8.317E-15 4.159E-15 5.824E-23	no Mass Fractions : no Mass Fractions Units: 3.041E-17 2.027E-17 1.014E-17 6.231E-24

续表

曲轴转角/(°)	18°CA	14°CA	10°CA
-11	no Mass Fractions : no Mass Fractions Units: 7.195E-4 4.797E-4 2.398E-4 6.720E-14	no Mass Fractions : no Mass Fractions Units: 6.106E-5 4.071E-5 2.035E-5 1.019E-16	no Mass Fractions : no Mass Fractions Units: 1.033E-5 6.888E-6 3.444E-6 2.839E-18
-6	no Mass Fractions : no Mass Fractions Units: 8.268E-4 5.512E-4 2.756E-4 5.367E-11	no Mass Fractions : no Mass Fractions Units: 5.015E-5 3.344E-5 1.672E-5 1.949E-12	no Mass Fractions : no Mass Fractions Units: 6.254E-5 4.169E-5 2.085E-5 7.298E-13
1	no Mass Fractions : no Mass Fractions Units: 6.952E-4 4.635E-4 2.317E-4 1.292E-11	no Mass Fractions : no Mass Fractions Units: 2.197E-5 1.465E-5 7.324E-6 7.687E-13	no Mass Fractions : no Mass Fractions Units: 1.798E-5 1.199E-5 5.993E-6 1.156E-11
11	no Mass Fractions : no Mass Fractions Units: 6.330E-4 4.220E-4 2.110E-4 5.526E-12	no Mass Fractions : no Mass Fractions Units: 2.068E-5 1.379E-5 6.894E-6 1.328E-13	no Mass Fractions : no Mass Fractions Units: 1.088E-5 7.252E-6 3.626E-6 5.839E-10

表 4-20　不同喷油持续期下 NO_2 生成量的变化

曲轴转角/(°)	18°CA	14°CA	10°CA
−18	no2 Mass Fractions : no2 Mass Fractions Units: 1.039E-15 6.925E-16 3.463E-16 9.103E-31	no2 Mass Fractions : no2 Mass Fractions Units: 4.212E-15 2.808E-15 1.404E-15 3.967E-22	no2 Mass Fractions : no2 Mass Fractions Units: 1.512E-16 1.008E-16 5.039E-17 2.604E-23
−12	no2 Mass Fractions : no2 Mass Fractions Units: 3.494E-5 2.329E-5 1.165E-5 7.485E-12	no2 Mass Fractions : no2 Mass Fractions Units: 2.033E-5 1.356E-5 6.778E-6 1.005E-14	no2 Mass Fractions : no2 Mass Fractions Units: 4.332E-6 2.888E-6 1.444E-6 2.513E-14
−6	no2 Mass Fractions : no2 Mass Fractions Units: 4.667E-4 3.111E-4 1.556E-4 2.021E-9	no2 Mass Fractions : no2 Mass Fractions Units: 1.622E-5 1.082E-5 5.408E-6 3.520E-11	no2 Mass Fractions : no2 Mass Fractions Units: 3.686E-6 2.457E-6 1.229E-6 8.004E-11
1	no2 Mass Fractions : no2 Mass Fractions Units: 5.197E-4 3.465E-4 1.732E-4 3.926E-8	no2 Mass Fractions : no2 Mass Fractions Units: 2.070E-5 1.380E-5 6.899E-6 6.457E-10	no2 Mass Fractions : no2 Mass Fractions Units: 7.775E-6 5.218E-6 2.661E-6 1.042E-7
11	no2 Mass Fractions : no2 Mass Fractions Units: 4.721E-4 3.148E-4 1.575E-4 1.483E-7	no2 Mass Fractions : no2 Mass Fractions Units: 2.132E-5 1.421E-5 7.107E-6 1.677E-9	no2 Mass Fractions : no2 Mass Fractions Units: 8.449E-6 5.736E-6 3.023E-6 3.097E-7

图 4-35 为喷油持续期的变化对 soot 生成量的影响。随着喷油持续期的缩短，soot 生成量逐渐减小，这是因为缸内燃料雾化好、缸内温度较高。缸内温度的升高会导致 soot 生成量的减少，燃烧越充分 soot 生成量越少。

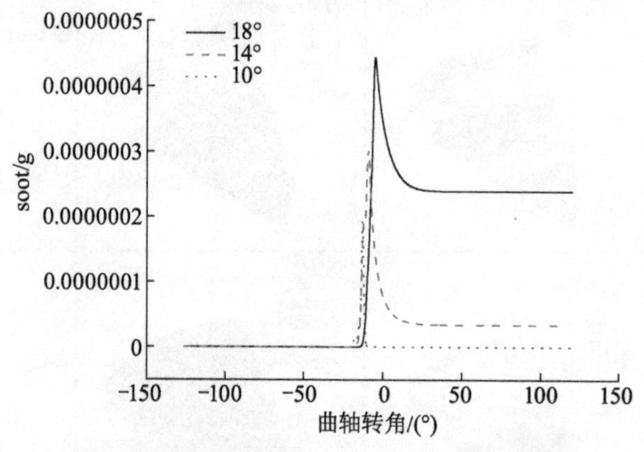

图 4-35　喷油持续期对 soot 生成量的影响

4.5　总结

本章以 4190 柴油机的参数为平台，应用 Forte 软件建立了柴油机的仿真模型，通过仿真的方式对柴油机缸内燃烧和排放性能进行分析。选取了燃烧系统参数中的喷油提前角、喷油量和喷油持续期，分别研究了不同参数变化对柴油机燃烧和排放性能的影响。通过仿真计算，可以看出这三个参数对发动机的缸内燃烧都较为重要。

当然，影响柴油机燃烧性能的参数数不胜数，本章仅设置了燃油喷射系统相关参数——喷油量、喷油提前角和喷油持续期，忽略了在改变这些参数的情况下也有可能对别的参数产生影响，比如对缸内涡流的影响。在研究参数变化对柴油机燃烧及排放性能影响的过程中，设置了 3 个水平进行对比，分析忽略了这几个参数之间的相互作用。

本章只对柴油机燃烧室进行了仿真，忽略了进气冲程和排气冲程对缸内工作过程的影响。

参考文献

[1] 刘少华,申立中,张生斌,等. BED 混合燃料稳定性及对高原地区发动机性能影响的研究[J]. 汽车工程, 2012, 34(9): 816-820.

[2] James P S, Juhun S, Mahabubul A, et al. Biodiesel combustion, emissions and emission control[J]. Fuel Processing Technology, 2007, 88(7): 679-691.

[3] Lee D H. Algal biodiesel economy and competition among bio-fuels[J]. Bioresource Technology, 2011, 102(1): 43-49.

[4] 李立琳,王忠,许广举,等. 柴油机燃用柴油与生物柴油的雾化特性分析[J]. 农业工程学报,2011,27(S1):299-303.

[5] 李会芬,李双定,黄锦成. 室温下正丁醇作为乙醇-柴油混合燃料助溶剂的试验研究[J]. 装备制造技术, 2007, 000(11): 4-5.

[6] 吕兴才,马骏骏,吉丽斌,等. 乙醇/生物柴油双燃料发动机燃烧过程与排放特性的研究[J]. 内燃机学报, 2008, 26(2): 140-146.

[7] Sayin C,Ozsezen A N,Canakci M,et al. The influence of operating parameters on the performance and emissions of a DI diesel engine using methanol-blended-diesel fuel[J]. Fuel,2010,89(7):1407-1414.

[8] Magin L,Jose R F,Carles E,et al. Properties of fatty acid glycerol formal ester (FAGE) for use as a component in blends for diesel engines[J]. Biomass & Bioenergy, 2015(76):130-140.

[9] Giacomo B,Gabriele D B,Sam S,et al. Performance and emissions of diesel-gasoline-ethanol blends in a light duty compression ignition engine[J]. Fuel, 2018, 217(APR.1): 78-90.

[10] 彭美春,王贤烽,王海龙. 柴油-生物柴油-乙醇混合燃料发动机的

醛类化合物排放特性研究[J]. 内燃机学报, 2010, 028(2): 127-132.

[11] Yu C C, Wen J L, Sheng L L, et al. Green energy: Water-containing acetone-butanol-ethanol diesel blends fueled in diesel engines[J]. Applied Energy, 2013, 109:182-191.

[12] Prommes K, Apanee L, Samai J. Solubility of a diesel-biodiesel-ethanol blend, its fuel properties, and its emission characteristics from diesel engine[J]. Fuel, 2007, 86(7-8): 1053-1061.

[13] Dattatray B H, Satishchandra V J. Performance, emission and combustion characteristic of a multicylinder DI diesel engine running on diesel-ethanol-biodiesel blends of high ethanol content[J]. Applied Energy, 2011, 88(12): 5042-5055.

[14] Akhilesh K C, Chelladurai H, Hannan C, et al. Optimization of Combustion Performance of Bioethanol (Water Hyacinth) Diesel Blends on Diesel Engine Using Response Surface Methodology[J]. Arabian Journal for Science & Engineering, 2015(40):3675-3695.

[15] Sahoo B B, Sahoo A N, Saha B U. Effect of engine parameters and type of gaseous fuel on the performance of dual-fuel gas diesel engines—A critical review[J]. Renewable & Sustainable Energy Reviews, 2009, 13(6-7): 1151-1184.

[16] Papagiannakis R G, Rakopoulos C D, Hountalas D T, et al. Emission characteristics of high speed, dual fuel, compression ignition engine operating in a wide range of natural gas/diesel fuel proportions[J]. Fuel, 2010, 89(7): 1397-1406.

[17] Ulugbek A, Masahiro O, Kazuya T, et al. Multidimensional CFD simulation of syngas combustion in a micro-pilot-ignited dual-fuel engine using a constructed chemical kinetics mechanism[J]. International Journal of Hydrogen Energy, 2011, 36(21): 13793-13807.

[18] Jon H, Van G. The effects of air swirl and fuel injection system parameters on diesel combustion (emissions) [D]. Wisconsin : The University of Wisconsin-Madison, 1984.

[19] Kidoguchi Y, Sanda M, Miwa K. Experimental and Theoretical Optimization of Combustion Chamber and Fuel Distribution for the Low Emission Direct-Injection Diesel Engine[J]. Ultrasound in Obstetrics & Gynecology, 2003, 33

(2): 250-252.

[20] Abagnale C,Cameretti M C, Simio L D,et al. Numerical simulation and experimental test of dual fuel operated diesel engines[J]. Applied Thermal Engineering, 2014, 65(1-2): 403-417.

[21] Silvana D I,Agnese M,Ezio M,et.al. Analysis of the effects of diesel/methane dual fuel combustion on nitrogen oxides and particle formation through optical investigation in a real engine[J]. Fuel Processing Technology, 2017, 159(Complete): 200-210.

[22] Adam W,Nick C. Investigation into partially premixed combustion in a light-duty multi-cylinder diesel engine fuelled gasoline and diesel with a mixture of[J]. Sae Technical Papers, 2007.

[23] Dale T,Guohong T,Hongming X,et.al. An Experimental Study of Dieseline Combustion in a Direct Injection Engine[C]. USA:SAE2009-01-1101.

[24] Xiao M, Fan Z,Hongming X,et al. Throttleless and EGR-controlled stoichiometric combustion in a diesel-gasoline dual-fuel compression ignition engine[J]. Fuel, 2014, 115: 765-777.

[25] Hoffman S J,Homsy S C,Morrison K M,et al. Strain Gage Based Instrumentation For In Situ Diesel Fuel Injection System Diagnostics[C].USA:1997 Annual Conference, 1997.

[26] 韩东,吕兴才,黄震,等. 喷射时刻对柴油和汽油/柴油混合燃料低温燃烧的影响[J]. 内燃机学报, 2011, 029(3): 200-205.

[27] 于超,王建昕,王志,等. 汽油均质混合气柴油引燃(HCII)发动机的燃烧与排放特性研究[C].上海:中国内燃机学会青年学术年会,中国内燃机学会, 2011.